竹纤维性能及其纺织加工应用

王　戈　王越平　程海涛　等　著

中国纺织出版社

内 容 提 要

本书系统地介绍了竹纤维的结构、化学组成、力学和亲水等理化性能，重点阐述了纺织用竹纤维的制取、鉴别与评价，并针对竹纤维在纺织、染整加工及其产品开发的前景进行了探讨。本书为竹纤维在纺织领域的加工利用提供了新的思路和解决方案，有利于推进纺织用竹纤维及其产品的产业化进程。

本书总结的研究成果，有诸多新理论、新技术和新方法，具有较高的国际水平和应用价值，可供木材科学与技术、纺织材料、林产化工及制浆造纸等专业的科研人员，大专院校师生，相关企业的工程技术人员以及竹纤维产业领域的生产、销售与管理人员阅读、参考，是竹纤维应用领域的重要读物。

图书在版编目（CIP）数据

竹纤维性能及其纺织加工应用 / 王戈等著 . -- 北京：中国纺织出版社，2017.3

ISBN 978-7-5180-3367-6

Ⅰ. ①竹… Ⅱ. ①王… Ⅲ. ①竹材—纺织纤维—纺织工艺 Ⅳ. ① TS102.2

中国版本图书馆 CIP 数据核字（2017）第 040936 号

策划编辑：张晓芳　　责任编辑：马　涟　　责任校对：楼旭红
责任设计：何　建　　责任印制：何　建

中国纺织出版社出版发行
地址：北京市朝阳区百子湾东里 A407 号楼　邮政编码：100124
销售电话：010—67004422　传真：010—87155801
http：//www.c-textilep.com
E-mail：faxing@c-textilep.com
中国纺织出版社天猫旗舰店
官方微博 http：//weibo.com/2119887771
北京通天印刷有限责任公司印刷　各地新华书店经销
2017 年 3 月第 1 版第 1 次印刷
开本：787 × 1092　1/16　印张：11.75
字数：250 千字　定价：49.80 元

前言

中国是世界上竹林资源最丰富的国家，竹子作为中国森林资源的组成部分，在林业发展和建设中有着十分重要的作用。我国2015年度竹产业总产值达到了1923亿元人民币，竹人造板、竹地板、竹炭、竹日用制品和竹工艺品等得到广泛应用。近些年，我国成功开发了纺织用竹纤维，将其加工成纱线、面料及其他纺织品，开辟了棉、麻、毛、丝之后天然材料在纺织纤维工业新的应用领域。

竹纤维在纺织等领域的应用是我国竹材加工利用的重要发展方向之一，为了加强对竹纤维性能的了解，扩大竹纤维应用领域，为科技和产业发展提供技术支撑，国内以竹藤科学研究为主的科研机构国际竹藤中心自2004年以来，成立了竹纤维复合材料研究小组，通过国家“十一五”科技支撑计划课题“竹原纤维制备及竹材制浆造纸环保新工艺研究”（2006BAD19B07）、国家林业局948项目“竹单根纤维力学性能测试技术”（2006-4-104）、国际竹藤中心基本科研业务费专项“适用于纺织的天然竹纤维的制取及性能评价”（06/07-B10）、林业科学技术推广项目“纺织用竹纤维鉴别技术的推广与示范”（[2010]20）等项目资助，与北京服装学院及纺织企业一批专家联合技术攻关，以竹纤维为主线，从其结构、化学组成、物理性能到微力学性能等进行了深入、系统的研究，并开发出竹纤维纺织产品以及竹纤维鉴别与评价方法。

本书是上述科学研究工作成果的凝练，它较为科学系统地总结了研究项目所取得的最新成果。全书共分10章，系统阐述了竹材结构与纺织用竹材的选择，竹纤维制取方法与工艺研究，竹纤维的物理结构与化学组成，竹纤维力学性能与亲水性能，竹纤维热性能与抗菌性能，竹纤维的质量标准与鉴别技术，竹纤维的纺织、染整加工及产品开发，并针对竹纤维纺织产品的产业化应用开发前景进行了展望。本书的研究成果不仅可以为竹纤维在纺织领域的应用提供技术支撑，也为竹纤维在其他复合材料领域的应用提供了参考。

本书由国际竹藤中心王戈负责策划、审核、统稿及成书，北京服装学院王越平和国际竹藤中心程海涛参与策划、撰写与审核。同时，参与本书研究和撰写的还有曹双平、陈红、陈复明、高路、韩晓俊、胡淑芬、黄慧宇、吕明霞、谌晓梦、武文祥、席丽霞等，他（她）们为此书提供了大量的实验数据支持。国际竹藤中心费本华、覃道春、余雁、田根林等为本书出版也做了大量工作，在此一并表示诚挚的谢意。

由于作者学识水平有限、经验不足，书中不妥之处在所难免，恳请各位同仁和读者多多指正，提出宝贵意见。

著者

2016年10月

目录

第一章　绪言

第一节　我国的竹子资源及竹材利用

一、竹子的种类与分布

全球拥有竹类植物约80属1500余种，竹林面积约2200万公顷。我国是世界上竹类资源最为丰富、竹林面积最大、竹子产量最多、栽培利用历史悠久的国家，素有“竹子王国”之称。根据全国第八次森林资源调查结果，我国现有竹林面积为600.63万公顷，竹类植物40余属500余种，占世界竹种三分之一，位居世界第一。我国竹类植物的自然分布限于长江流域及其以南各省区，福建、江西、浙江、湖南、广东、四川、广西、安徽、湖北、重庆10个省（自治区、直辖市）竹林面积占全国竹林总面积的93.82%，主要产竹的南方省区竹林面积15万亩（1万公顷）以上的县（市）有130多个。丰富的竹资源，奠定了我国竹材加工水平和国际贸易量均居世界前列的重要地位，在世界竹产业中具有引领作用，更为竹纤维的纺织加工应用提供了大量的、可持续再生的、优质廉价的原材料。

竹子具有可再生性强，生长周期短、强度高、韧性好、硬度大等特点，在生产、使用过程中对环境友好，是优良的可持续发展资源。从加工利用角度看，毛竹生长3到5年即可成材，产量高、可持续利用，单位面积年产量比一般木材类树林高1～2倍；与木材相比，竹材纤维细长、可塑性好，是造纸的优良材料；竹材的强度高、韧性好，是工程结构材料的理想原料。竹材还是一种典型的天然纤维增强功能梯度材料，其优良的力学特性、独特的孔隙构造、丰富的化学组成，使其具有开发各种竹基高附加值新材料、新产品的天然优势。从生态、环保角度看，竹子是陆地森林生态系统的重要组成部分，竹林枝叶茂盛，四季常青，繁殖能力强，生长快，年年萌发自我更新，既有良好的生态效益又有很高的经济价值，合理砍伐不会破坏竹林，一次造林可以持续开发利用。从解决农民收益的角度看，竹子具有良好的经济效益，随着竹林培育、经营水平和深加工技术的不断提高，竹材产量大幅度增加，每百公斤竹子价值60～90元人民币，对山区人民脱贫致富、增加收入发挥重要作用。

依据生物分类系统，竹类植物隶属于单子叶植物中之禾本科、竹亚科。自1788年11月瑞典人A.J.Retzius 发表莿竹属的先驱属名Bambos以来已有200多年，世界各国学者对竹类植物的种属分类问题做了大量的研究。自20世纪30年代，中国学者开始了对竹类植物的现代科学分类研究，到70年代中期，耿伯介、王正平等一批竹类分类研究工作者对中国竹类资源进行了大规模地、广泛地、系统地调查和分类研究，整理出37属500余种竹子编入《中国植物志》禾本科、竹亚科卷中，到2006年又经过20余年的研究补充，中国竹类植物资源共计包括刚竹属、慈竹属、莿竹属、寒竹属、酸竹属、绿竹属、牡竹属、巨竹属等40余属，包括毛竹、慈竹、黄甜竹、橄榄竹、台湾桂竹、苦竹、花竹、斑竹、佛肚竹、鱼肚楠竹、孝顺竹、方竹、青皮竹、水竹、茶秆竹、粉单竹、绵竹等553个竹种。其中毛竹是我国资源最丰富、竹林面积最大的竹种，也是纺织竹纤维研究的最初竹种之一。

各竹种属之间由于遗传基质的差异，对环境条件有着不同的要求，而环境条件中温度、水分、光照等外界因素条件又反过来影响了各竹种属的生长发育，从而造成各竹种属之间的材性差异。1963年熊文愈在研究毛竹地理分布时，就探讨了我国不同毛竹分布区的地域气候条件对毛竹生长的影响。在此基础上，刘继平具体研究了纬度、经度、年平均温度、年降水量、日照时数等10个气候因子对毛竹生长发育的适宜度，结果表明年平均温度、年降水量、7～9月3个月总降水量等因素对毛竹生长发育影响很大。因此，各竹种属之间生物学特性的差异、环境因素的影响、竹株生长的不同阶段都是纺织用竹材选择时必须考虑的因素。由于竹种间的纤维差异，本书中选择了一些代表性的竹种进行对比研究。

二、竹材的加工与利用

近年，在科技的引领和推动下，竹产业快速发展，我国出现了种类繁多的竹产品，丰富了人们的经济文化生活。我国的竹产品分为10多个类别，近万个品种。竹材主要用于以下六个方面：

（1）竹浆造纸业；

（2）各种竹质复合材料；

（3）竹工艺制品及日用竹制品；

（4）竹材及加工剩余物的化学加工产品；

（5）竹食品、医学药品和保健品；

（6）纺织用竹纤维。

在竹产业发达的地县，竹产业占地方经济总收入的三分之一以上。部分地区的竹制品销往欧美、日本等发达国家和地区，我国已成为世界最大的竹材、竹制品加工销售基地。纺织纤维是竹材应用的新领域，可加工成竹浆黏胶纤维、天然竹纤维。竹产业的发展带动了地方经济，为新农村建设做出巨大贡献。

第二节　纺织竹纤维的分类及命名

一、竹材在纺织领域的应用

竹子是中国的特色资源，将竹材用于纺织领域是2001年后快速发展起来的一个新的竹材应用方向。竹材在纺织领域的应用方式主要有两种：一种是先将竹材制成竹浆粕，再将提纯、溶解后的竹纤维素喷丝制成纺织纤维；另一种是直接从竹材中分离出纤维束，用于纺织纤维。与两种加工方式对应了三种纤维。

1. 竹浆黏胶纤维

竹浆黏胶纤维属再生纤维素纤维，它是以竹子为原料，经碱化、老化、磺化等工序制成可溶性纤维素磺酸酯，再溶于稀碱液制成纺丝液，然后经湿法纺丝而制成，它属于黏胶纤维的一种。目前经过探索与实践，企业已掌握了竹浆黏胶纤维的生产工艺，突破了纺纱和染整等难题，利用竹浆黏胶纤维生产的服装和日用品已批量生产并投放市场，实现了工业化的目标。竹浆黏胶纤维是在棉浆、木浆黏胶纤维工艺基础上发展起来的，目前在全国已经工业化生产和具有一定的市场销售规模。

竹浆黏胶纤维纺织品具有手感柔软、凉爽透气的性能，通过纺织企业的联合攻关，目前竹浆黏胶纤维可以纯纺或与其他纤维混纺制成毛巾、T恤衫和袜子等多种产品。而且竹浆黏胶纤维利用了我国四川、贵州、湖南等地丰富的丛生竹资源，它生长周期短，一年可成材，因此相对于以棉短绒、木材为原料加工的黏胶纤维具有经济上的优势。同时，竹浆黏胶纤维也存在着黏胶纤维共同的缺点，如湿强度低、织品尺寸稳定性不好等。由于竹浆黏胶纤维的生产方式失去了竹材绿色环保的天然特性，竹纤维细胞结构被破坏，同时生产工艺过程过长、环境污染等问题，使其成为竹浆黏胶纤维的发展瓶颈。

2. 竹莱赛尔纤维

纺织领域中莱赛尔（Lyocell）纤维也被称为“天丝”（在中国的注册商标）。它的制造方法是由德国Akzo-Nodel公司首先发明并取得专利，20世纪90年代在英国得以工业化生产。该纤维和黏胶一样都是再生纤维素纤维，但是两者的生产工艺截然不同，其纤维性能相差也较大。莱赛尔纤维大多以木浆为原料，采用溶剂法生产，即以N-甲基氧化吗啉（NMMO）作为溶剂，溶解纤维素制成纺丝溶液，然后在水凝固浴中喷丝得到纤维，凝固后析出的溶剂可以通过蒸馏回收，回收率达到99%以上，可重复利用，生产过程污染小。

我国竹莱赛尔纤维正在研发过程中，福建农林科技大学等单位都投入了一定的人力、物力对其加以研究和开发，并在实验室制出样品。福建省科技厅已启动“竹纤维纺织材料的研发及产业化”科技重大专项，主要用于研发竹莱赛尔纤维产品。莱赛尔纤维是当今国际上再生纤维素纤维的一个发展方向。竹莱赛尔纤维具有柔软、悬垂、舒适性好和强度高等特点，加工工艺过程有机溶剂可以回收，环境污染小。但由于竹莱赛尔纤维制造工艺过程复杂，加工难度较大，投资高，目前我国若实现工业化生产还需要技术和设备上突破，提高溶剂回收率，降低生产成本。

3. *天然竹纤维*

纺织用天然竹纤维是指采用独特的物理、化学或生物的方法部分去除竹材中的木质素和多糖等物质，部分脱胶后靠余胶将竹单根纤维纵向相互连接起来而制得的天然束纤维。由于是从竹子中直接分离出来的纤维，它保持了竹纤维原有的形态和特性，属于纯天然纤维，它的研制成功将在天然纤维大家族中增添一名新成员。

纺织竹纤维保持了天然纤维的形态和特性，是天然纤维中的一种，但其产品在国内外市场上还是空白。科技部“十一五”科技支撑计划等国家级科研项目已将天然竹纤维的制取以及纺织加工工艺列入研究范围（2006BAD19B07）。国际竹藤中心、北京服装学院以及东华大学等单位积极开展了相关研发工作。目前中试样品已经满足纺纱的要求，成功试制了枕套、靠垫等产品。全国相关单位紧密协作联合攻关，正在改进、完善和熟化工艺，加紧中试和产业化进程。另外，国际竹藤中心、北京服装学院及相关单位还联合制订了“纺织用竹纤维”和“纺织用竹纤维鉴别试验方法”等林业行业标准。天然竹纤维产品符合人们回归自然和环保的理念，属绿色产品，可以与棉、麻等天然植物纤维相媲美，同时具有自身优良的特点，是竹材加工和纺织业鼓励发展的重要方向之一。目前全球对天然纤维的需求量，每年以1.4%以上速度递增，特别是欧、美等发达国家，天然纤维产品已成为主导消费品，由此可见天然竹纤维产品具有巨大的市场潜力。

目前我国市场上的“竹纤维”产品都是竹浆黏胶纤维，后两类产品尚在产业化进程中。竹浆黏胶纤维在市场的产品中，由于在很多研究文章中均被冠以“竹纤维”的名称，这种错误的命名导致了竹纤维市场的混乱。

二、竹纤维的定义与命名

竹纤维的概念自2001年底引入纺织领域，曾引起极大轰动，也吸引了众多科研人员的研究兴趣，特别是随着多项中国发明专利的申请、日本发明专利的批准，将竹纤维在纺织上的应用开发推向高潮。

然而，在中国竹纤维的命名和分类却一直比较混乱，直到2008年发布了林业标准LY/T 1792-2008《纺织用竹纤维》，竹纤维被定义为“竹类植物的秆纤维，为单体纤维细胞或纤维束”，因此竹纤维仅指从竹材中直接分离提取的天然纤维。竹纤维可以是单体细胞即竹单纤维或竹单根纤维（Bamboo Single Fiber），也可以是多个细胞的纤维束即竹束纤维（Bamboo Bundle）；在此标准中，纺织用竹纤维被定义为“竹材经直接分离后获得的适于纺织加工要求的竹纤维，多为束状竹纤维，又称竹工艺纤维”（分为棉型和毛型竹纤维两类）；此外，标准中将竹纤维与竹原纤维的概念统一，并将竹浆黏胶纤维从竹纤维类别中划出。本书下文中竹纤维均指天然竹纤维，不再赘述。

从目前市场来看，竹浆黏胶纤维已开发成功，并实现工业化生产，由于竹浆黏胶纤维在制浆、纺丝过程中，对竹材天然特性损伤严重，并且存在环保问题，因此竹浆黏胶纤维的加工工艺还有待改进。而天然竹纤维的开发更是任重道远。竹材中的单纤维长度只有2mm左右（直径8～14μm），长宽比仅为100～120，且竹材的脱胶远比苎麻困难，要制得能满足纺织加工需要的竹束纤维，这将是一项创造性的工作，它不仅为消费者带来新型的服装原料，而且对于保护生态环境、加速我国西部开发的步伐、提高竹材的使用价值，均有着积极的意义。

第三节　竹材与麻的比较

竹材与麻类植物的不同，首先是二者在资源和种类上有所差别。据介绍，我国纯竹林面积就达601万公顷（我国第八次森林清查数据），而我国主要麻类作物面积只有50多万公顷，如果能将竹材制成纤维加以利用，将有广阔的前景；另外，我国的竹子不仅资源多，而且在种类上多达500余种，远比麻类植物的种类丰富，不同地区、不同品种的竹子由于生长环境的影响，其内部结构和性能都存在一定差异，从而也会影响竹纤维的制取。因此，有必要采集不同种类的竹子，从中筛选出适合纺织用的竹材。

其次是二者制取纤维时取材部位不同。制取竹纤维主要利用竹子的竹秆部分，通过分离其竹维管束中的纤维群体而得，整个竹秆的薄壁细胞等杂细胞含量较多；而麻纤维如苎麻、亚麻、大麻和黄麻等均是从其植物的茎秆或枝条的韧皮部分离出来的纤维，也称韧皮纤维，韧皮部纤维在茎秆中的排列和组合状态随品种而异，大部分韧皮部较发达，皮质较厚，薄壁细胞含量较少。

再者是二者的单纤维在物理形态方面有所区别。如表1-1所示，竹单纤维长度很短，长宽比小，与黄麻纤维接近。因此在竹纤维制取过程中只能像黄麻纤维一样，采用工艺纤维的形态、适度脱胶，而不能像苎麻那样制成单纤维。

表1-1　竹与麻类植物单纤维的物理指标

纤维种类	单纤维平均长度（mm）	单纤维平均宽度（μm）	长宽比
竹纤维	1.5～2	10～16	120
黄麻纤维	2～3	15～25	150
大麻纤维	15～25	15～25	1000
亚麻纤维	10～26	12～17	1100～1400
苎麻纤维	40～180	30～40	1000～2500

最后是二者的化学成分含量存在一定差异，如表1-2所示，竹材中的半纤维素含量和木质素含量都比麻类植物高，因而加大了竹纤维制取的难度。

表1-2　竹材与麻类植物的化学成分含量　（单位：%）

植物种类	水溶物含量	果胶含量	半纤维素含量	木质素含量	纤维素含量
竹材	7.5 ~ 12.5	0.5 ~ 1.5	20 ~ 25	20 ~ 25	45 ~ 55
黄麻	1.5 ~ 2.5	0.5 ~ 1	13 ~ 20	16 ~ 19	50 ~ 60
大麻	10 ~ 13	3.8 ~ 6.8	16 ~ 18.5	6.3 ~ 9.3	55 ~ 67
亚麻	1 ~ 2	1.0 ~ 4.0	8 ~ 15	4 ~ 7	60 ~ 70
苎麻	4 ~ 8	3 ~ 5	12 ~ 16	0.8 ~ 1.5	65 ~ 75

第四节　纺织竹纤维的相关研究现状

一、竹纤维的制取研究

竹纤维的制取技术研究自1997年开始，至2004 ~ 2005年达到高潮，期间林业、纺织界的企业、院校、研究院所的相关人员都做了大量的工作，但由于制取难度很大，所制取的竹纤维束太粗，硬丝、并丝很多，木质素残余较多，与纺织用纤维所应具备的细度、手感、韧性还有很大差距，大多仍处于研究中。回顾这几年的历史，科研人员主要从以下几方面开展研究工作。

1．竹纤维脱胶方法及工艺的研究

由于竹材有着与麻类纤维相似的非纤维素物质，所以竹纤维制取的研究重点大多放在脱胶方法及其工艺的研究上，参考麻脱胶方法，大多采用化学脱胶法、化学物理联合法或化学生物联合法。

在化学脱胶法中，仍以碱法脱胶简单易行、脱胶效果显著且易于控制。2003年东华大学的万玉芹在纺织用竹纤维脱胶、细化工艺研究中，主要探讨了氢氧化钠的化学脱胶方法，但制得的竹纤维细度在13 ~ 19tex，断裂强度为3.099cN/dtex，断裂伸长率为3.48%，残胶率（8% ~ 11%）和残余木质素含量（7% ~ 14%）比麻类纤维高出很多，无法达到后道纺纱工艺的要求。天津工业大学王春红等将闪爆后的慈竹纤维以1.5%的尿素溶液在（40 ± 5）℃的恒温水浴中浸泡、然后酸洗，再在含有质量浓度为8g/L的NaOH、15g/L的Na_2SO_3、4g/L的洗衣粉、1g/L的渗透剂的溶液中，以恒温水浴（100 ± 5）℃煮3h，最后柔软处理，所得纤维细度为5 ~ 9tex，断裂强度为5.4cN/dtex。2006年苏州大学的徐伟对爆破后的竹材采用烧碱法进行纤维提取研究，得到竹纤维提取条件为碱浓度10～30g/L，100～115℃，但文中所提取的竹纤维并非以纺织用途为目标。湖南株洲雪松有限公司与中南林学院合作开发采用的方法是：前处理用2%氨水和4%尿素溶液混合的软化剂浸泡1h，随后在该混合液中蒸煮1h，温度为100℃，得到粗纤维；该粗纤维再通过碱液蒸煮，在1%的NaOH溶液中蒸煮30min，温度为70℃，进一步润胀竹纤维，同时进一步抽提半纤维素，将粗纤维分为更细的纤维束，用水冲洗后脱水、上油、干燥。这样制取的竹纤维线密度为5.00～8.33tex，平均断裂强度为4.29cN/dtex，平均断裂伸长率为5.32%。碱法脱胶工艺的研究中，由于碱脱胶不能大量去除抗碱性极强的木质素，因此制得纤维粗、硬，无法满足纺织加工要求，故常常配合尿素预处理或采用高浓度的碱液、长时间的蒸煮，但即使如此纤维细度仍达不到要求，而且碱处理浓度过高或多重化学处理对环境污染严重。

为此，2004年东华大学张魏进行了竹纤维精细化加工的研究。在他的论文中对生物脱胶法进行了摸索，采用丹麦诺维信公司提供的半纤维素酶、果胶酶、木质素酶对竹纤维进行生物化学联合脱胶处理，结果表明生物脱胶使竹纤维的胶质含量有一定的减少、对纤维细度的减小也有一定贡献，而且它赋予纤维柔软的特点，是一种较好的辅助脱胶手段。但酶脱胶法使竹纤维的胶质减少量非常有限，且并未使竹纤维的细度发生突破性进展，竹纤维的细度仍在13.23 tex（化学脱胶法为13.65 tex）。生物酶脱胶法成本高、对环境条件要求苛刻、工艺条件很难把握；由于竹材中含有多种非纤维素物质，故脱胶用酶必然是多种酶的复配，然而其中对竹材脱胶最重要的木质素酶至今国内外技术尚不成熟；加之竹材茎杆皮层组织紧密，细胞组织中又有大量空气存在，生物酶很难渗透其中，因此生物酶只能作为一种辅助性的脱胶方法。化学生物联合脱胶法因工艺流程长，生物酶对竹纤维的脱胶细化效果不显著而未得到实际应用。

化学脱胶联合机械处理的化学物理联合脱胶方法是竹纤维制取的必然途径，只是对竹材来说，采用何种有效的机械处理方式、机械作用的大小，这些是在竹纤维制取方法中需要研究的。

2. *竹材成纤方法及机理的研究*

脱胶方法及其工艺的研究只是竹纤维制取中的一部分，而竹材成纤方法的研究是竹纤维制取中更为重要的环节，也是与其他韧皮纤维的加工工艺所不同的地方。此方面曾经尝试过的方法有闪爆法、超声波法、机械牵伸法、机械梳理法、机械碾压法及其多种方法的组合等。

闪爆法在日本主要用在包括竹材在内的、用于复合材料、板材的林业原料的制备上，近年在纺织领域也作为韧皮类纤维脱胶时的前处理方法之一。它首先用高温高压对原料进行热处理，使原料中水分和各组分吸收高热能量，使半纤维素降解、木质素软化和部分降解；在闪爆过程中，利用高温高压热汽和高温液态水共同作用于竹材，瞬间完成绝热膨胀过程，对外做功；膨胀的汽体以冲击波的形式作用于竹材，而使纤维分离。2007年北京服装学院的杨中开与北京林业大学合作进行了闪爆法对竹纤维的制取，此外天津工业大学的王春红、苏州大学的徐伟均采用闪爆后的竹材进行纤维的制取，结果表明：闪爆法作为竹纤维制取时的前处理方法，虽然能够对纤维束产生劈裂作用，使纤维间产生较大孔隙，并去除纤维表面的杂质，但闪爆后的竹材形态不均匀会加剧化学处理的不均匀性及纤维尺寸的不均匀性，致使一定量的纤维长度过短而无法使用。总之，闪爆法不能对竹材起到均匀的分纤作用。

超声波在近年韧皮纤维的脱胶中起到了很好的辅助作用。万玉芹采用超声波处理法讨论了其对竹纤维细化的效果，发现超声波震荡可以在一定程度上达到纤维细化的目的，但效果不显著且存在细化不匀现象。

张魏将机械牵伸法应用于竹纤维的制取，与机械碾压法比较，结果表明采用机械牵伸对束纤维细度的降低有一定作用，但纤维细度仍在13.54tex。

阆中棉纺织厂、四川省外贸公司和东方远成机械有限公司联合成立了竹纤维研制小组，对竹纤维及其在棉纺设备上的可纺性进行了探索。将12～18个月的慈竹经过去青和用齿轮反复轧压后，进行部分脱胶，制得的竹纤维束细度为20～50 tex，硬丝、并丝很多，含水也较大，达13%以上，并且由于脱胶不足，色泽黄，在干燥状态下，粉尘较大，潮湿时强度又非常低，所以在加工前对竹纤维进行烘干和上油两道预处理，先将竹纤维烘干，使之达到强度最高点后，利用圆梳机进行几道梳理，尽量去除并丝、硬丝，使纤维线密度降低。文中采用了机械碾压与圆梳机梳理的机械组合作用方式，其中圆梳机梳理的机械方式，效率较高，但加工过程纤维被压断、扯断，所得纤维短、粗、韧性差，很难用于纺织加工。

浙江林学院的张蔚等对竹材成纤方法、机理进行了初步的研究。文中提出了热-机械耦合开纤法，将竹片先经高温高压蒸煮软化，再采用机械外载将竹片夹裂松解产生微裂纹，并使这些裂纹沿平行于纤维方向扩展以引发竹材开纤，然后在另一外加载荷的协同作用下，促使竹材宏观裂纹不断扩展，实现其界面脱粘分层，从而获得粗纤维，粗纤维再经后续的软化、梳理等一系列工序获得细纤维。但文中只是对竹材成纤机理进行了初步的理论探讨，具体的机械作用方式、引发方式、作用力大小等还在研究中。在其后续的文献中，提出了压辊碾压、梳针梳理等作用方式，但未见制取纤维的物理形态指标报道。

在竹材成纤方法的研究上，由于竹材成纤机理研究薄弱，而导致竹材成纤方法的不合理，如机械牵伸法并不适合竹材、闪爆法对竹材成纤作用不均匀，控制不好还会导致竹纤维质量恶化、超声波法效果有待于进一步考证。因此，从了解竹材特性入手、从竹材成纤机理出发，寻找有效的竹材成纤方法是竹纤维制取的关键。

二、竹纤维的结构性能研究

在竹纤维制取工艺研究的基础上，万玉芹、徐伟、蒋建新等对所制取的纤维进行结构分析与性能研究。但是因所制取的竹纤维束粗、硬、木质素含量高，还不是真正意义上的纺织纤维，故其结构性能分析不全面、不够深入且无法从纺织角度对其进行有效的性能评价。其中徐伟从竹纤维化学性能、染色性能角度进行了研究，蒋建新从林学角度进行了研究，何建新则将毛竹材分离成单纤维状态后对其形态结构、超分子结构进行了分析。北京服装学院的王越平对自行制取的纺织竹纤维从结构与性能进行了全面的测试与表征，从而为纺织领域的相关研究人员对竹纤维建立起正确的认识提供了帮助。

竹纤维力学性能（包括单纤维和束纤维状态）对于竹纤维的应用及竹材宏观力学性能的分析有着重要意义。国际竹藤中心的曹双平对竹单纤维的力学性能测试方法以及几种植物短纤维力学性能的表征做了系统的研究；国际竹藤中心的陈红对不同分离方法离析出来的竹单纤维的力学性能进行了比较。

北京服装学院的胡淑芬对竹纤维的亲水性能，从单纤维、束纤维到纤维集合体进行了系统的研究，并与其他麻类纤维、棉纤维做比较，了解了竹纤维的亲水特点。国际竹藤中心的席丽霞测试并验证了竹纤维的抗菌性能。

三、其他方面研究

在东华大学张魏的论文中，对从广西采集的五种竹材与浙江毛竹从化学成分上进行了比较，以此为主要依据进行了竹材的筛选，其他论文仅采用了四川慈竹或浙江毛竹为原料，未在竹材上进行深入探讨。

东华大学的张魏还将二甲基二环氧乙烷（DMD）应用于漂白工艺，对竹纤维进行强化脱木质素研究，结果表明其对竹纤维木质素的脱除有一定的作用，木质素含量从22%下降到13%。对于纺织用竹纤维来说，该木质素含量仍过高，有必要探讨更为有效的木质素去除方法。

竹纤维的开发也受到日本的高度关注，日本坂本和夫在1993年即获得竹纤维制造的专利；日本Toyo Press有限公司开发了一种可有效地将竹子分裂成纤维的系统，该系统生产的竹纤维可以替代玻璃纤维用于纤维增强整形材料的生产；Deshpande，AP介绍了一种用机械化学联合法制取竹纤维的工艺，该系统结合了传统的压模工艺和碾磨工艺，制取的竹纤维用于各向同性的复合材料的生产。总之，日本关于竹纤维的报道大多集中在工业用复合材料方面，纺织用竹纤维的报道很少。美国也多集中在竹纤维复合材料的研究上，其他国家在此方面研究很少。

在竹纤维制取的基础上，还需要进行竹纤维的软化、细化，提高白度，在此过程中木质素的脱除是关键。纺织用竹纤维的制取是国内外研究的一个新课题，因此有待于大量的研究工作。

本章小结

（1）我国的竹资源丰富、竹产量高，目前竹材在制浆造纸、复合材料、建筑材料、日用竹制品、食品与医药保健品等领域有着广泛的应用，纺织纤维是竹材应用的新领域。

（2）竹纤维的命名和分类在中国比较混乱。因此，在2008年国家林业局发布的行业标准LY/T 1792—2008《纺织用竹纤维》中，对竹纤维进行了明确的定义，并与竹浆黏胶纤维明确区分。

（3）纺织竹纤维的研究主要集中在竹纤维的制取方面。此外，相关学者也对竹纤维力学性能、亲水性能、热性能以及抗菌性能等做了大量的研究。

本章参考文献

[1] 王越平. 纺织竹纤维制备与性能［D］. 成都：四川大学，2009.

[2] Leupin M. Bast Fibers：Fiber Substitute or Raw Material Base of the Future［J］. International Textile Bulletin，2000，1：22-26.

[3] 杨仁党，陈克复. 竹子作为造纸原料的性能和潜力［J］. 林产工业，2002，29（3）：8-11.

[4] Deshpande A P，Bhaskar Rao M，Lakshmana Rao C. Extraction of bamboo fibers and their use as reinforcement in polymeric composites［J］. Journal of applied polymer science，2000，76（1）：83-92.

[5] Rajulu，A VaradaRao，G BabuReddy，R Lakshminarayana. Chemical resistance and tensile properties of epoxy/polymethyl methacrylate blend coated bamboo fibres［J］. Indian Journal of Fibre & Textile Research，2000，25（4）：295-297.

[6] Thwe M M，Liao K. Durability of bamboo-glass fiber reinforced polymer matrix hybrid composites［J］. Composites Science & Technology，2003，63（3）：375-387.

[7] 肖加余，曾竟成，王春奇，等. 高性能天然纤维复合材料及其制品研究与开发现状［J］. 玻璃钢/复合材料，2000，12（2）：38-43.

[8] 张瑜. 竹纤维/PHBV 复合材料的力学性能研究［J］. 纺织学报，2004，25（6）：38-40.

[9] 吴叶青. 竹资源的深加工产品［J］. 浙江林业科技，2002，22（4）：77-79.

[10] 徐有明，郝培应，刘清平．竹材性质及其资源开发利用的研究进展［J］．东北林业大学学报，2003，31（5）：71–77.
[11] 赵亚洁．新型的绿色纤维——天竹纤维［C］．21世纪信息技术生态纺织品国际研讨会论文集，2002，274–276.
[12] 许炯，王学杰．竹材加工竹LYOCELL纤维的制备方法［P］．浙江：CN1383965，2002–12–11.
[13] 朱长生，郑书华，赵建芬，等．利用竹材生产黏胶纤维浆粕的工艺［P］．河北：CN1308160，2001–08–15.
[14] 赵子群．竹纤维及其制造方法［P］．浙江：CN1375578，2002–10–23.
[15] 马文烈，蒋天弟，李晓珍，等．竹纤维加工工艺［P］．江西：CN 1587504，2005–03–02.
[16] 徐奎元．天然竹纤维的制备方法［P］．四川：CN1390989，2003–01–15.
[17] 刘忆萍，黄杰．一种将原竹加工成可纺性竹纤维的制作方法［P］．湖南：CN 1600907，2005– 03–30.
[18] 俞建勇，万玉芹，吴丽莉，等．竹材成纤的制备方法［P］．上海：CN1415790，2003–05–07.
[19] 李庆春．竹纤维的性能及其开发技术关键［J］．四川纺织科技，2003 （5）：56–58.
[20] 许炯．我国竹纤维开发状况［J］．浙江印染信息与技术，2003（6）：17–22.
[21] 赵博，李虹，石陶然．竹纤维基本特性研究［J］．纺织学报，2004，25（6）：100–101.
[22] 赵博，石陶然．竹纤维/苎麻转杯混纺纱产品的开发［J］．纺织标准与质量，2004（1）：37–39.
[23] 邢声远，刘政．纯天然竹原纤维纺织产品［C］．第3届功能性纺织品及纳米枝术应用研讨会论文集，2003：165–166.
[24] LY/T 1792–2008，纺织用竹纤维［S］.北京：中国标准出版社，2009.
[25] 曹泰钧，刘刚毅．竹纤维纺织品开发及前景［J］．湖南文理学院学报：自然科学版，2005，17（1）：57–59.
[26] 万玉芹，崔运花，俞建勇．竹纤维的开发与技术应用［J］．纺织学报，2004，25（6）：127–129.
[27] 巩继贤，李辉芹．竹纤维——一种纺织新材料［J］．纺织导报，2003（3）：59–62.
[28] Thakur R，Sarkar C R，Sarmah R．Chemical composition of some varieties of ramie and their fibre characteristics［J］．Indian Journal of Fibre and Textile Research，1999，24

（4）：276–278.
[29] 党敏．黄麻精细化加工的研究 [D]．上海：东华大学，2003：1–6.
[30] 陈琼华，于伟东．黄麻纤维的形态结构及组分研究现状 [J]．中国麻业，2005，27（5）：254–258.
[31] 周玲，郁崇文．黄麻与亚麻的纤维性能比较 [J]．中国麻业，2005，27（1）：24–27.
[32] 孙小寅，温桂清．大麻纤维的理化性能分析 [J]．四川纺织科技，2000（5）：4–6.
[33] 林家丽，庞振才，郑良永．麻类作物在我国的生产现状及其发展对策 [J]．福建热作科技，2006，31（2）：46–48.
[34] 郭起荣，胡宜柏．厚皮毛竹纤维形态研究 [J]．江西农业大学学报，1999，21（2）：223–225.
[35] Mukherjee A C，Mukhopadhyay A K，Dutt A S，et al．Liquid Ammonia Mercerization of Jute Part II：A Study of the Effect of Liquid Ammonia on Jute Yarn and Fabric [J]．Textile Research Journal，1981，51（9）：574–578.
[36] 德骥．苎麻纤维素化学与工艺学：脱胶和改性 [M]．北京：科学出版社，2001：19–81，131–171.
[37] Wang H M，Wang X．Evaluation of the fineness of degummed bast fibers [J]．Fibers and polymers，2004，5（3）：171–176.
[38] Wang H M，Postle R，Kessler R W，et al．Removing pectin and lignin during chemical processing of hemp for textile applications [J]．Textile Research Journal，2003，73（8）：664–669.
[39] 万玉芹．纺织用竹纤维脱胶、细化工艺及其结构性能研究 [D]．上海：东华大学，2003：36–43.
[40] 王春红，王瑞，朱若英，等．竹原纤维制取工艺探讨 [J]．天津工业大学学报，2005，24（4）：16–17.
[41] 徐伟．天然竹纤维的提取及其结构和化学性能的研究 [D]．江苏：苏州大学，2006：64–72.
[42] 杨凌云，杨宝，喻云水．竹纤维分离方法探讨及其产品开发 [J]．中国人造板，2006，13（4）：16–18.
[43] 张巍．竹纤维精细化加工的研究 [D]．上海：东华大学，2004：38–65.
[44] 郑来久，刘剑宇．红麻全酶法脱胶工艺及机理研究 [J]．纺织学报，2004，25（1）：46–48.
[45] 杨中开，蒋建新，朱莉伟，等．服用竹原纤维的制取工艺初探 [J]．北京服装学

院学报，2007，27（3）：13-17.

[46] 罗蒙川．竹纤维在棉纺设备上的可纺性探讨［J］．四川纺织科技，2000（6）：6-8.

[47] 郑迪，崔运花，程隆棣．竹纤维制取工艺中梳针选用的探讨［J］．东华大学学报自然科学版，2006，32（2）.

[48] 殷祥刚．大麻纤维“闪爆”处理技术的研究［D］．天津：天津工业大学，2002：17-28.

[49] Wang H，Wang X．Hemp processing with microwave and ultrasonic treatments［C］// TIWC 2004：Proceedings of The Textile Institute 83rd World Conference．The Textile Institute & Donghua University，2012：779-782.

[50] 张蔚，李文彬，姚文斌．天然长竹纤维的分离机理及其制备方法初探［J］．北京林业大学学报，2007，29（4）：63-66.

[51] 徐云杰，姚文斌．天然竹纤维制备系统的设计与研究［J］．机械设计与制造，2008（9）：135-136.

[52] 蒋建新，杨中开，朱莉伟，等．竹纤维结构及其性能研究［J］．北京林业大学学报，2008，30（1）：128-132.

[53] 何建新，章伟，王善元．竹纤维的结构分析［J］．纺织学报，2008，29（2）：20-24.

[54] Chen X，Guo Q，Mi Y．Bamboo fiber-reinforced polypropylene composites：A study of the mechanical properties［J］．Journal of Applied Polymer Science，1998，69（10）：1891 - 1899.

[55] 国家林业局．第八次全国森林资源清查结果［J］．林业资源管理，2014（1）：1-2.

[56] FZ/T 51006-2006，竹材黏胶短纤维［S］. 北京：中国标准出版社，2006.

[57] LY/T 2226-2013，纺织用竹纤维鉴别试验方法［S］. 北京：中国标准出版社，2014.

[58] 郭起荣，张莹，冉洪，等．竹子基因调查分析报告［J］．世界竹藤通讯，2015，02：11-14.

第二章　竹材结构与纺织用竹材选择

第一节　竹材的物理解剖结构与化学组成

一、竹材的物理解剖结构

竹植物体可分为地上和地下两部分，地上部分包括竹秆、枝和叶等；地下部分包括竹根、地下茎及鞭根。竹类植物的繁殖主要靠地下茎上的芽发笋成竹繁衍后代，因此根据地下茎的类型和特点，竹类植物可分为：散生竹、丛生竹、混生竹。散生竹：单轴型地下茎即竹鞭节上侧芽萌发出土长成的稀疏散生状竹秆；丛生竹：合轴型粗大短缩的地下茎顶芽出土长成的呈密集丛生状的竹株；混生竹：兼具单轴型、合轴型地下茎特点，属复轴型地下茎，竹林散生状，而几株竹株又可以相对成丛状。竹材人造板主要利用的是散生竹毛竹，而竹浆造纸、竹纤维制品的原料主要是丛生竹。我国南方拥有丰富的丛生竹资源，全国丛生竹林面积约100万公顷以上，占竹材资源总量近20%，每年产竹材超过500万吨。研究表明，丛生竹的纤维形态、力学性能、纤维含量总体上优于散生竹，是一种优良的天然纤维原料，是纺织用竹纤维的主要原料。

由于竹纤维的制取多用竹秆部，在此主要对竹秆的结构进行分析。

1. *竹秆的宏观结构*

竹秆在宏观上由三部分构成，即竹皮（竹青）、竹肉和髓外组织（竹黄），如图2–1所示。竹皮是在横切面上见不着维管束的最外侧部分，且竹皮结构致密，在纤维制取时可将其先行剥离另做他用（如竹席、竹帘等）；髓外组织是竹秆邻接竹腔的部分，也不含维管束；竹肉是竹皮和髓外组织之间的部分，在横切面上分布着许多呈深色的菱形斑点即维管束，维管束是获取纤维的唯一来源，维管束之间是基本组织。图2–2是竹秆茎壁维管束的立体结构图，从图中可见，维管束散布在基本组织之间，在纵切面上可见两者间隔配置。竹材的宏观结构是竹材成纤机理分析的基础。

2. *竹秆的微观结构*

竹秆的微观解剖构造由竹皮系统、基本系统和维管系统组成。其中，基本系统和维管系统会影响竹纤维的制取。

基本系统包括基本组织和髓外组织。基本组织为薄壁细胞组织，细胞一般较大，大多数胞壁较薄，在横切面上多近于呈圆形，具有明显的细胞间隙。基本组织主要分布在维管

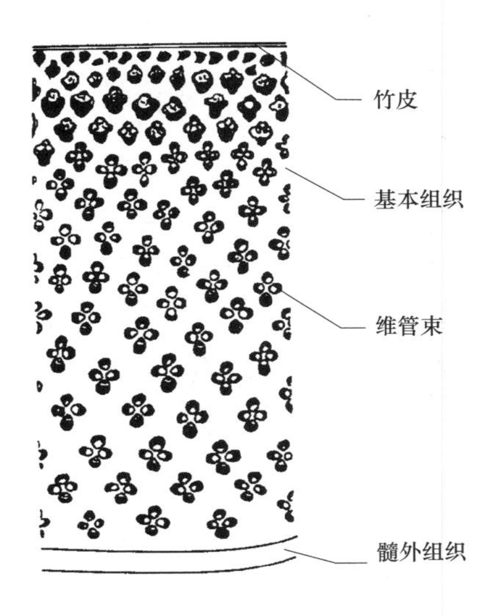

图2-1　竹秆横切面宏观结构

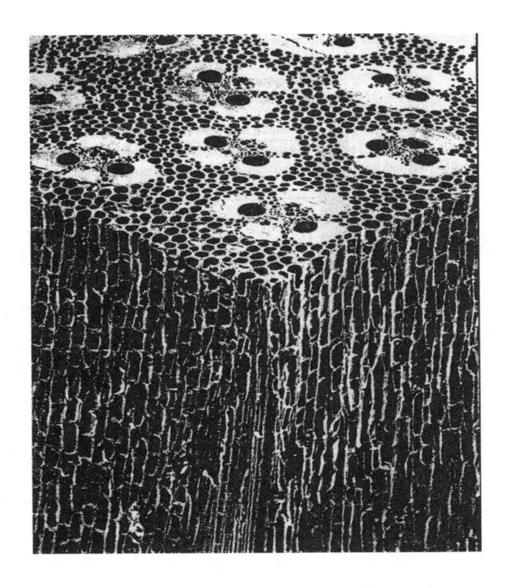

图2-2　竹秆茎壁维管束的立体解剖视图

束系统之间，其作用相当于填充物，是竹材构成中的基本部分，它们比较疏松，起缓冲作用，刚柔相济以增强竹秆弹性。髓外组织包括髓环和髓，髓环位于髓腔竹膜的外围，髓一般由大型薄壁细胞组成，呈一层半透明的薄膜黏附在秆腔内壁周围，俗称竹衣。在竹纤维制取过程中，基本组织和髓外组织都是要去除的部分。

维管系统是竹纤维制取的主要对象，在此作重点介绍。维管系统由若干维管束组成，维管束包藏于基本薄壁组织之中，是输导组织（导管、筛管）、维管束鞘和纤维组织在形态上共同构成的一个复合组织。图2-3是一个维管束的微观结构图。竹材通过维管束中的筛管与导管下连鞭根，上连枝叶，沟通整个植物体，以输送营养。由于竹子个体通常比较高大，为保证输导组织的通畅，在输导组织的外缘需要有比较坚韧的强固组织加以保护，这就是竹子维管束鞘比较发达的原因。纤维组织部分与维管束鞘连接，部分被薄壁细胞隔开，形成一个或两个纤维股，即外纤维股和内纤维股。其中除去薄壁细胞和纤维股的部分称为中心维管束。纤维组织是竹材结构中的一类特殊细胞群体，也是制取竹纤维要提取的对象。大量实测结果发现，竹材纤维组织比量（指纤维

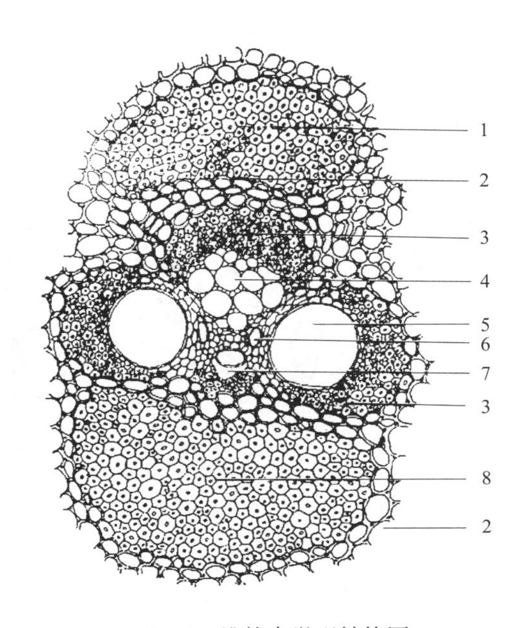

图2-3　维管束微观结构图
1—外方纤维股　2—薄壁细胞
3—维管束外鞘　4—初生韧皮部的筛管
5—导管　6—后生木质部分子
7—细胞间隙　8—内方纤维股

在竹材中所占的比例）一般均小于薄壁细胞组织比量，占总组织的40%左右。其形态特点是形长、两端尖，纤维长度多在1.5～2.0mm，最长为5mm，并以竹秆中部为最大，宽度一般为10～14μm，纤维壁较厚，并随竹龄逐增。

竹秆的维管束不均匀的散布于基本组织中，外部密、内部疏，外部小、内部逐渐增大，适合于竹纤维制取的纤维群体全部分布于维管束上。维管束的形态、大小和数量随竹子品种的不同而有所差异，从而也对竹纤维的制取造成一定影响。竹类维管束微观形态的研究已有70余年的历史，20世纪60年代，李正理、朱慧方等对维管束形态解剖结构进行了系统的研究，提出将维管束形态作为丛生竹、散生竹划分的依据，70年代原联邦德国的D. Grosser 与W. Liese 对亚洲14属52种竹子做了维管束解剖研究，80年代初中国的温太辉又对产自中国的28属105个竹种的维管束类型进行了研究，他全面总结了前人的研究成果，提出竹类维管束可分为双断腰型、断腰型、紧腰型、开放型和半开放型5大基本类型（图2-4）。

双断腰型的维管束被薄壁细胞分隔为三部分，即中心维管束的外方和内方各增生一个纤维股；断腰型的维管束由两部分组成，中心维管束和一个纤维股，纤维股位于中心维管束的内方；紧腰型的维管束不存在纤维股，仅有中心维管束，其中内方维管束鞘显著地较其他三个大，并向左右呈扇形延伸；开放型维管束只有一部分，即没有纤维股的中心维管束，四个维管束鞘大小近相等、相互对称；半开放型的维管束也不存在纤维股，但侧方与内方维管束鞘相连接。竹类维管束形态的研究，不仅有助于鉴别竹种，对竹纤维的制取也有一定的指导作用。

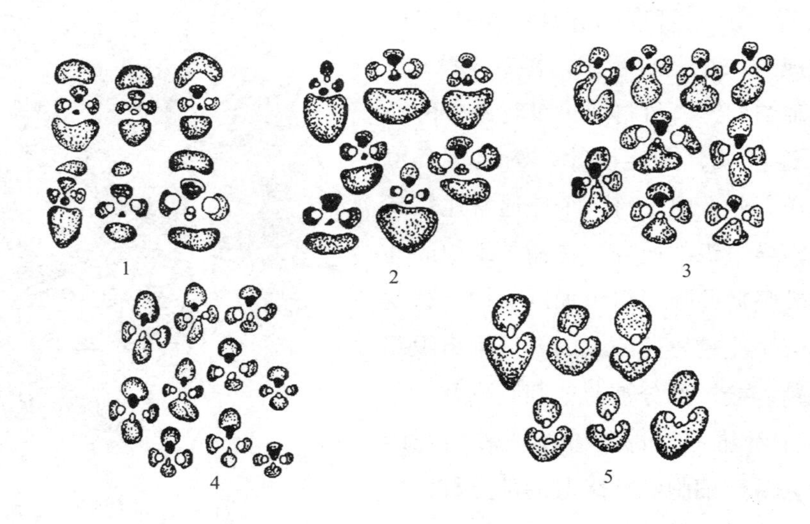

图2-4　竹类植物维管束的类型

1—双断腰型　2—断腰型　3—紧腰型　4—开放型　5—半开放型

二、竹材的化学成分

竹材的化学成分和麻类植物相似，主要由纤维素、木质素和半纤维素组成。一般来说，整竹由50%左右的纤维素、25%～30%的戊聚糖和20%～25%的木质素组成，另外还有少量的果胶、蜡脂质和灰分等。在纺织领域除了纤维素以外的成分常被称为胶质。

纤维素是植物中含量最为广泛的物质之一，由纤维素构成的纺织纤维是纺织工业的重要原料，也是竹纤维制取中主要保留的部分。目前对纤维素大分子的化学结构一致认为：纤维素是由β型D–葡萄糖通过1，4甙键互相连接而成的直链型高分子化合物，在每一个葡萄糖基环上有三个羟基，其中一个是伯羟基，其他两个是仲羟基（图2–5）。由于纤维素大分子中存在甙键，在酸和高温水的作用下，甙键断裂使纤维素发生水解，然而甙键对碱的作用具有相当高的稳定性，因此脱胶多是在碱性条件下进行。纤维素会受到氧化剂的作用，纤维素的氧化作用主要发生在葡萄糖基环中的羟基上，氧化成醛基（–CHO）和羧基（–COOH）。在超分子结构上，纤维素大分子具有结晶结构，这种结晶结构以及由于结晶使大分子间存在的氢键键合都会在一定程度上影响纤维的强度、弹性、浸透性、润胀能力、柔软性能和化学反应性能。纤维素不溶于水。

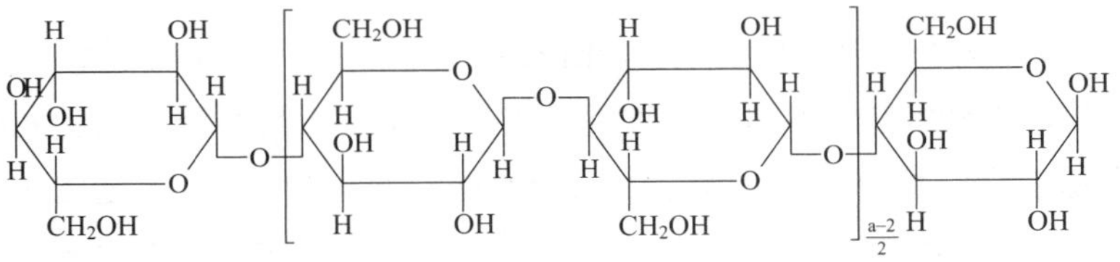

图2–5　纤维素分子结构

木质素是植物界含量仅次于纤维素的有机大分子物质，是植物的基本化学组成之一。木质素的结构复杂，至今不能用简单的语言或表达式表达，通常认为木质素是一种具有芳香族特性、其结构单元为苯丙烷型的三维高分子网状化合物，分子量不大（1000～50000），主要有愈创木基、紫丁香基、对羟基三种类型（图2–6）。竹木质素三种类型按68：22：10的分子比组成。

(a) 愈创木基苯丙烷　(b) 紫丁香基苯丙烷　(c) 对羟基苯丙烷

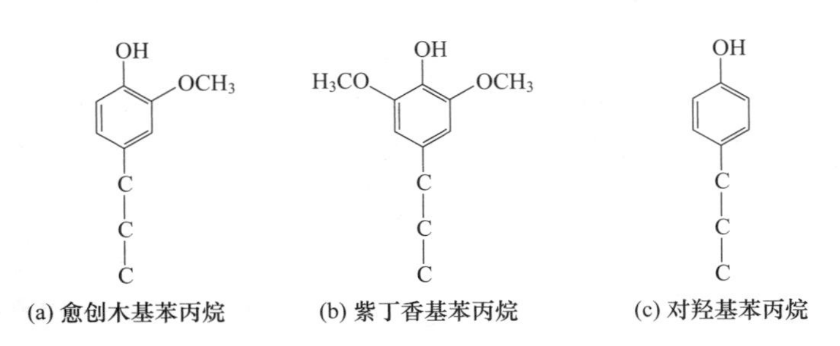

图2–6　木质素结构单元的三种类型

从上述结构看，木质素大分子上除含有相当量的甲氧基外，还有羟基、羰基、羧基及双键等特征官能团，很难全部降解和去除，至今无法得到木质素的纯样品。木质素在植物中起着支撑作用，粘结纤维素，使植物具有承受机械作用的能力。木质素主要存在于植物细胞的胞间膜及细胞壁的外层，其中，一部分木质素与半纤维素有化学连接，但与纤维素间未发现有化学结合，因此，木质素的脱除对半纤维素的去除来说也十分重要。木质素含量的多少是影响纺织纤维品质的重要因素之一，木质素含量少，纤维光泽好、白度高、柔软并富有弹性，可纺性及染色性能均好。因此，在竹纤维制取工艺中应尽量去除木质素，但对纺织工艺纤维来说，工艺条件要掌握适度，否则会使工艺纤维解体，甚至无法用于纺纱。木质素易与氯发生氯化反应，氯化木质素易溶于氢氧化钠等碱液中，因此采用氯化—碱煮法可以有效脱除植物纤维中的木质素；木质素与碱反应可生成碱木质素；另外，木质素易受氧化剂作用而裂解，如过氧化氢、空气中的氧以及臭氧等氧化剂在一定条件下都易与木质素发生不同程度的氧化作用，形成碳酸、甲酸、醋酸、草酸等。木质素的这些特点在对其进行脱除时均可加以利用。

半纤维素是植物组织中与纤维素相伴生、与之结构相似的一种低分子质量（其平均聚合度为50～200）的无定形物质，是由两种或两种以上的单糖组成的不均一聚糖，大多带有短侧链。根据水解时生成糖基的不同，半纤维素可分为多缩戊糖类、多缩己糖类、多缩糖醛酸类半纤维素（水解后单糖的分子式见图2–7），竹材中多缩己糖含量甚微。半纤维素绝大部分位于纤维素细胞的胞间层和细胞壁上，也可认为是纤维素细胞间的填料和粘结物质，因此脱胶时要去除半纤维素物质。半纤维素区别于纤维素首先是在一些试剂中的溶解度大，易溶于碱溶液中，甚至在水中也能部分溶解，因此在以碱为主要成分的脱胶剂中煮练时，半纤维素绝大部分能在碱液中裂解为单糖，但也有少部分顽固性抗碱物质的存在；其次，半纤维素由于其无定形结构，吸湿、溶胀、渗透都比纤维素高得多，因此，部分半纤维素的存在既有利于竹纤维脱胶加工，又是单纤维间粘连成束所需要的。

果胶类物质是一种具有较高聚合度的酸性胶状碳水化合物复合体，代表高等植物初级细胞壁和相邻细胞间紧密结合的一组多糖。在植物纤维学中认为果胶物质是植物生长纤维素、半纤维素和木质素的营养物质。一般认为，其组成成分主要是果胶酸以及果胶酸的衍生物（果胶酸以及果胶酸甲酯的分子式见图2–8），包括果胶酸甲酯和果胶酸

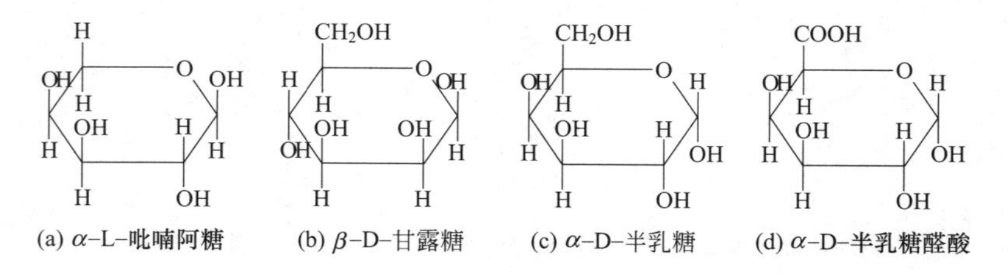

(a) α–L–吡喃阿糖　(b) β–D–甘露糖　(c) α–D–半乳糖　(d) α–D–半乳糖醛酸

图2–7　半纤维素水解后几种单糖的分子结构

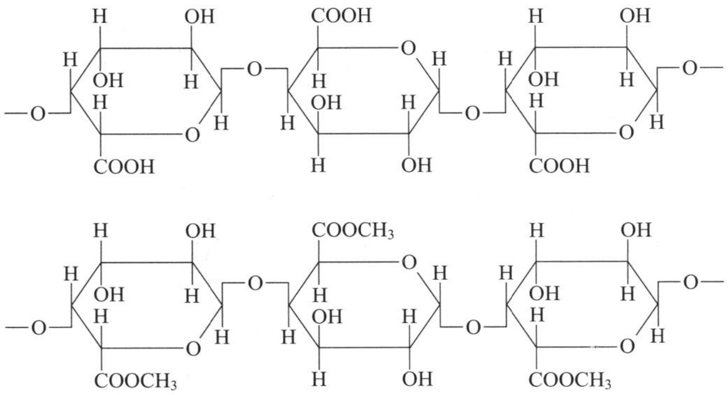

图2-8　果胶酸（上）及果胶酸甲酯（下）的分子结构

的钙、镁盐。其中前者可溶于水，后者虽不溶于水，但对酸和碱作用的稳定性较低，经过稀碱溶液的沸煮可使其长分子链裂解，去除率较高。竹材果胶含量较低，且易于去除。

蜡脂质是能用有机溶剂提取的部分，其中以蜡质为主。蜡质的组成很复杂，主要成分为高级饱和脂肪酸和高级一元醇组成的脂，此外还含有游离的高级羧酸以及烃类物质，其水解产物主要有高级一元醇类（如山蜡醇$C_{28}H_{57}OH$、棉蜡醇$C_{30}H_{61}OH$等）、游离的高级羧酸类（如软脂酸$C_{15}H_{31}COOH$、硬脂酸$C_{17}H_{35}COOH$、山脂酸$C_{27}H_{55}COOH$等）、高级脂肪酯类（如软脂酸酯、硬脂酸酯等）、烃类（如三十烷烃$C_{30}H_{62}$、三十一烷烃$C_{31}H_{64}$等）。在脱胶过程中，蜡脂质并不是要去除的对象，因为它赋予纤维以光泽、柔软及松散性，对可纺性是有利的。但由于脱胶过程中须经碱、酸等试剂处理，因此这部分物质将不可避免地被酸水解或被碱皂化，使脱胶后的纤维变得粗糙、板结和硬脆。为了改善这种情况，在脱胶后通常设有给油工序予以弥补。

灰分大多为金属和非金属的氧化物及无机盐类物质，如SiO_2、P_2O_3、Fe_2O_3、 CaO、MgO、K_2O以及钙、镁和钾盐等。无机盐类物质的存在对纤维的吸水性、白度、手感都有一些影响，而且某些盐类和氧化铁等对漂白剂的分解有催化作用，因此应去除灰分。在棉纤维中灰分含量约占1%，对于竹材来说表皮中的灰分含量较高，而竹肉中的灰分含量较低，故在以下各章节中未进行测试。

竹子的化学成分在不同的属种、不同的竹龄之间均有差别，甚至与竹秆高度及部位密切相关，如竹秆外侧的纤维素明显多于竹秆内侧。中国林业科学研究院早在1963年即对8种竹材的化学成分进行了研究，马灵飞等曾对部分丛生竹、散生竹竹种的化学成分进行过测试，这些结果对纺织纤维制取用竹材的选用可提供借鉴，但化学成分是否是纺织用竹材选择的唯一依据或最重要的依据，将在下文中予以探讨。

第二节　纺织用竹材的选择

我国竹资源丰富、竹种繁多，且不同地区、不同竹种、不同竹龄间性能差异较大，因此有必要筛选出性能优良、来源广泛、价格便宜的竹材作为纺织纤维提取用原料。本节采集了同一生长期的不同竹种、不同产地及不同生长期的同一竹种的竹材测定其化学成分，并分别对各种竹材制取其纤维进行性状测试，依据综合性能指标筛选出适合纺织纤维加工用竹材。同时，了解影响竹纤维性状的竹材方面的因素是本节的主要目的，竹纤维与竹种、竹材结构、竹生长期之间关系的认识将为今后纺织用竹材的选择提供理论指导。

一、竹材结构对竹纤维性状的影响

1. *竹秆结构与竹纤维制取的关系*

电镜下竹秆形态结构见图2-9。从图2-9可以看出：竹秆内维管束的分布，从外向内（图中由下向上）由密变疏，外侧靠近竹青部分（图2-9中的下侧）维管束数量多、维管束尺寸小；内侧靠近竹黄部分维管束数量较少，但维管束尺寸稍大。

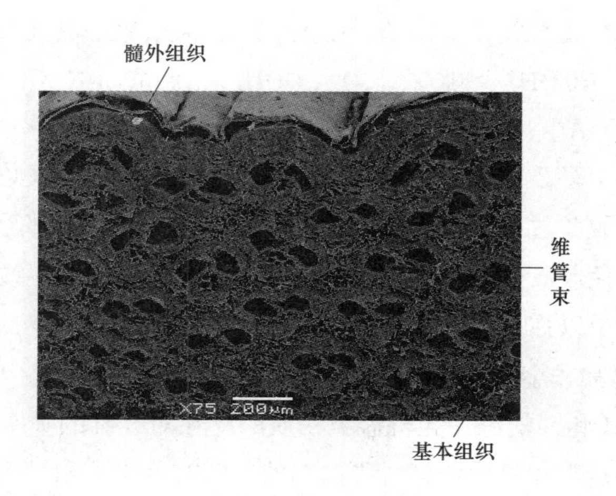

图2-9　竹秆横切面宏观结构电镜图

为了解维管束尺寸与制取束纤维细度之间的联系，本节以湖南丛生竹为对象，将竹秆半径四等分（去除竹青后），各层分别进行化学成分的测试并制取纤维，测试结果见表2-1。

从表2-1看出，在化学成分上，纤维素、半纤维素等物质在丛生竹各层分布并不均匀，表现为越靠近外层，木质素含量、纤维素含量越高，半纤维素含量越低，因而外层纤

表2–1 湖南丛生竹径向各层的性状指标

竹材层次	化学成分含量（%）						纤维细度（tex）
	含水率	水溶物	果胶	半纤维素	木质素	纤维素	
外层	6.70	9.72	1.34	23.08	24.58	41.28	5.78
次外层	6.69	11.30	1.62	25.26	23.89	37.93	2.23
次内层	6.76	12.88	1.31	27.42	23.99	34.40	1.86
内层	6.93	15.94	1.13	31.38	21.74	29.81	2.04

注 外层靠近竹青，内层靠近竹黄；此处纤维细度为束纤维细度。

维制成率高于内层。对纤维细度而言，从外层到内层所制取的纤维越来越细，最理想者为次内层，次内层、次外层纤维制成率较高且纤维细而柔软；内层纤维虽然线密度小但制成率低，因为靠近髓外组织层杂细胞多，纤维素含量低；而靠近表皮的外层通常有1或2层未分化的维管束，这种没有分化的维管束没有筛管和导管，只有排列十分紧密的纤维束，因结构致密很难得到细而柔软的纤维。竹纤维细度与维管束尺寸分布呈相反的趋势，外层维管束尺寸小但制取的纤维粗、内层维管束尺寸大但制取的纤维反而细，因此维管束尺寸并不是影响束纤维细度的主要因素，从竹青到竹黄，木质素含量减少、竹材结构疏松，这是决定纤维细度的重要因素。

2. 维管束结构与竹纤维制取的关系

竹材维管束形态、大小和数量随竹子品种的不同而有所差异，因而在林业领域，竹类维管束形态用于竹种的鉴别，研究表明：维管束的结构类型是划分丛生竹、散生竹的依据之一。目前根据多位学者的研究成果，将竹类维管束分为双断腰型、断腰型、紧腰型、开放型和半开放型5大基本类型。竹类维管束形态的研究，不仅有助于鉴别竹种，对竹纤维的制取也有一定的指导作用。

电镜结果表明，散生竹毛竹、混生竹苦竹具有开放型和半开放型维管束，这种维管束不存在纤维股，维管束鞘由硬质细胞组成，因而得到的纤维束粗、硬（图2–10、图2–11）。而丛生竹慈竹和黄甜竹具有双断腰型和断腰型维管束，因维管束中存在一个或两个纤维股，即维管束中的纤维被薄壁细胞所分隔，故在纤维制取时易得到线密度较小的纤维束（图2–12、图2–13）。

竹纤维与竹材结构有一定的相关性，与维管束的大小无关、但与维管束的形态类别有关，与竹材结构的松紧、木质素的分布状态有关。竹材中，维管束形态类别是竹属划分的重要依据，地下茎类型是丛生竹、散生竹划分的依据，而丛生竹、散生竹在维管束形态、维管束分布等方面均有着很大的不同，因此竹材地下茎类型、维管束形态类别、竹属种等相互间有着密切的关系。从本质上说，竹维管束类型是影响竹纤维性状的重要因素。

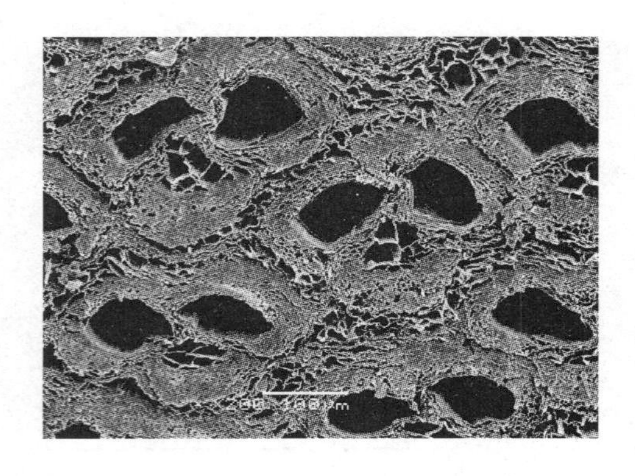

图2-10　湖南毛竹维管束形态电镜照片

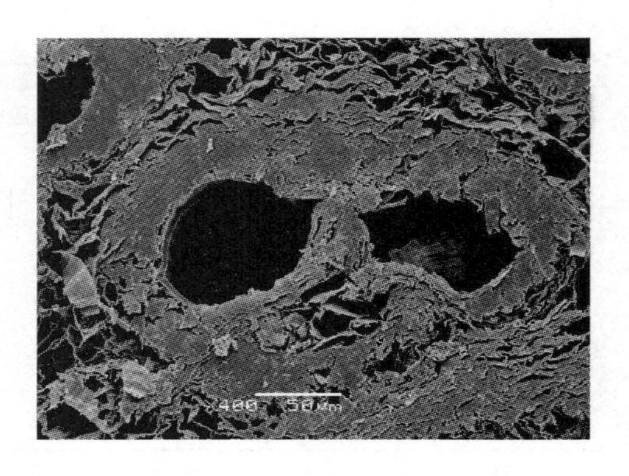

图2-11　福建苦竹维管束形态电镜照片

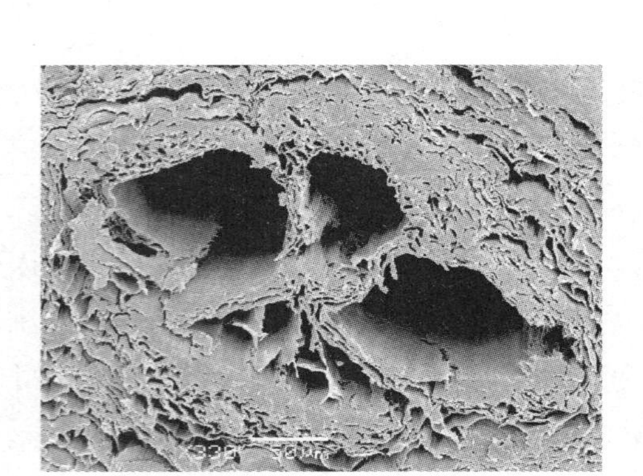

图2-12　福建黄甜竹维管束形态电镜照片

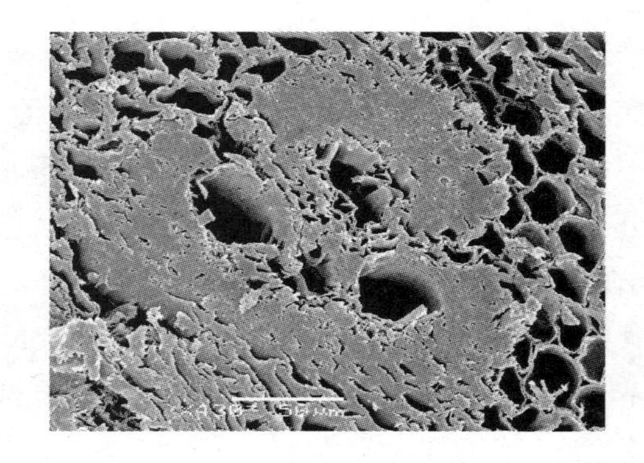

图2-13　湖南丛生竹维管束形态电镜照片

二、竹生长期对竹纤维性状的影响

竹类植物的个体生长被划分为3个阶段，即竹笋的地下生长、竹秆秆形生长、竹秆材质生长，其中秆形生长主要完成竹材的高度生长，竹秆材质生长将提高纤维素含量、提高竹材力学性能，包括：增进期、稳定期和下降期3个阶段。不同的竹种，其生长的初始时间、经历的时间都不相同。如丛生竹通常经历3～4个月的萌发抽笋后，在每年的6～7月份开始出笋，大约需要80～100天的时间完成竹秆的高生长，之后进入竹秆材质的生长阶段，在该阶段的增进期，竹纤维细胞壁逐渐加厚，力学性质不断加强，该阶段大约需要1～2年时间。

表2-2中选择了丛生竹、散生竹各1种，测试结果表明：不同竹属间其化学组成的变化规律基本相同，随着竹龄的增长，水溶物、半纤维素含量逐渐减少，木质素含量逐渐增多。具体来说，从出笋到完成高生长期间，作为竹子生长的营养物质的半纤维素、水溶物含量逐渐减少，到1年后，减少的速度减慢，1～2年间保持较平稳的状态；木质素在1年内快速递增，到1年后其含量保持在一个平稳状态，但竹秆生长达稳定期后木质素含量稍有

下降；果胶物质在出笋后开始逐渐增多，直到1年时达到最高点，1～2年后开始逐渐减少（不同品种时间不同）。总之，竹秆越老，水溶物越少、半纤维素含量越少，果胶一年后含量下降；竹龄越长，其中的木质素含量越高，且随着竹龄的增长形成更加难以去除的网状结构，从而形成更粗的束纤维，这与麻类植物的生长规律是一致的。

不同竹属其生长经历时间不同，毛竹为粗径散生竹，因此竹秆生长所需时间较长；而细径丛生竹的竹秆生长所需时间短。从表2–2看出，对于10～12月的丛生竹来说，已初步完成其竹材生长，这时的木质素还未发生木质化，半纤维素、水溶物等均已开始减少，对竹纤维的制取比较有利；而16个月的丛生竹虽然木质素含量增加不多，但制取的纤维开始变粗，说明其木质素开始木质化。总之，丛生竹生长期在10～12月的竹子更适合纺织加工使用。

表2–2　不同生长期竹材的化学成分及性状指标

竹材		化学成分含量（%）					纤维细度（tex）	壁厚（mm）
		水溶物	果胶	半纤维素	木质素	纤维素		
湖南毛竹	2个月	15.68	0.68	32.52	8.03	43.09	3.26	5.0
	12个月	12.47	1.37	35.32	23.33	27.51	4.15	7.0
	24个月	13.74	1.19	32.10	24.01	28.96	5.09	7.1
	36个月	9.78	0.83	33.67	23.72	32.00	5.09	7.1
湖南丛生竹	2个月	20.47	0.83	30.20	7.58	40.92	2.33	3.4
	4个月	20.55	1.05	28.58	12.77	37.05	2.77	3.4
	8个月	19.95	1.01	27.30	19.03	32.71	2.96	3.6
	12个月	15.69	1.29	25.54	22.07	35.41	2.93	3.5
	16个月	15.95	1.56	22.34	22.35	37.80	3.06	3.5

注　竹纤维的制取方法见第三章。

本章小结

（1）影响纺织用竹纤维性状的竹材因素有：竹属、竹材生长期、竹维管束结构、地下茎类型等，各因素之间有着密切的联系。从本质来说，竹维管束结构和胶质中木质素含量是影响纺织竹纤维性状的根本因素。

（2）从竹材地下茎类型来说，丛生竹的材性比散生竹更适合于纺织用途，这对于充分利用占我国竹资源近三分之一的丛生竹有着积极的意义。

（3）对竹龄的研究表明：丛生竹生长期在10～12月的竹材更适合纺织加工使用，此时纤维基本长成，木质素还未发生木质化，胶质易于脱除。

本章参考文献

[1] 夏玉芳，吴炳生．3 年生料慈竹纤维形态及组织比量分析［J］．贵州农学院学报，1996，15（1）：22–25.

[2] 江泽慧．世界竹藤［M］．辽宁沈阳：辽宁科学技术出版社，2002：3–7，100，221–227，22–30，10.

[3] 朱石麟，马乃训，傅懋毅．中国竹类植物图志［M］．北京：中国林业出版社，1994：173–190，8.

[4] 马乃训，张文燕．中国珍稀竹类［M］．杭州：浙江科学技术出版社，2007：6，173–190.

[5] 耿伯介，王正平．中国植物志：九卷一分册［M］．北京：科学出版社，1996.

[6] Liese W．The anatomy of bamboo culms［M］．Brill，1998.

[7] 王菊华．中国造纸原料纤维特性及显微图谱［M］．北京：中国轻工业出版社，1999：11–13，35–37.

[8] 杨淑敏，江泽慧，任海青．竹类解剖特性研究现状及展望［J］．世界竹藤通讯，2006，4（3）：1–6.

[9] 李正理，靳紫环．几种国产竹材的比较解剖观察［J］．植物学报，1960，9（1）：76–95.

[10] Wenwei WTC．A report on the anatomy of the vascular bundle of bamboos from China（II）［J］．Journal of Bamboo Research，1985，1：002.

[11] 邵宽．纺织加工化学［M］．北京：中国纺织出版社，1996：108–122.

[12] 陶用珍，管映亭．木质素的化学结构及其应用［J］．纤维素科学与技术，2003，11（1）：42–55.

[13] 郑庆康．木质素的生物降解［J］．四川纺织科技，1998，1：38–39.

[14] 方伟，黄坚钦．17 种丛生竹竹材的比较解剖研究［J］．浙江林学院学报，1998，15（3）：225–231.

[15] 马灵飞，韩红，马乃训．部分散生竹材纤维形态及主要理化性能［J］．浙江林学院学报，1993，10（4）：361–367.

[16] 马灵飞，韩红，马乃训，等．丛生竹材纤维形态及主要理化性能［J］．浙江林学院学报，1994，11（3）：274–280.

[17] 马灵飞，朱丽青．浙江省 6 种丛生竹纤维形态及其组织比量的研究［J］．浙江林学院学报，1990，7（1）：63–68.

第三章　纺织用竹纤维制取方法与工艺研究

纺织竹纤维的制取工艺可以借鉴相关植物纤维的分离方法，如亚麻、苎麻、黄麻等麻类纤维的化学脱胶、生物脱胶和机械脱胶法等。但采用纯化学的方法使竹纤维与胶质分离，对环境污染严重，且往往对纤维产生损伤、不能满足纤维可纺性的要求；纯物理的方法很难将胶质去除，制得的纤维过粗；而生物方法目前在竹材中应用条件还不成熟。因此，本章将采用物理和化学相结合的方法进行竹纤维的制取。

第一节　竹材材性及成纤机理分析

一、竹材材性分析

建立适合竹材的物理分离方法，需要对竹材特性有所了解。关于竹材材性的研究，林学专家已做了大量的工作，研究结果表明竹材是一种纵、横向异性的天然生物质材料，但是在这些研究中竹材多处在干燥状态下，而竹纤维的制取要在润湿状态下，因此热、湿状态下的竹材特性严重影响竹纤维的制取工艺。

1. *研究对象及方法*

（1）研究对象。因我国毛竹种植面积大（占纯竹林的70%），并且具有生长快、成材早、产量高、再生能力强等优点，是我国经济价值最高的竹种。因此在此采集了湖南一年生毛竹，并以它的中部竹材作为本章的主要实验材料。

所有竹材去青、去节。由于竹材内外层结构不完全相同，因此在竹材特性研究时，试样分内层、次内层、次外层（外层竹青被去除0.5mm）不同层次竹片分别测试，这样能更准确地反映竹材的性能。各层竹片尺寸相同，宽10mm、厚0.5mm、足够长。

（2）材料的预处理。竹片经碱煮预处理使其受热、软化。碱煮条件：NaOH浓度6g/L，脱胶助剂8%，处理时间30min，温度100℃，浴比1∶20。

（3）仪器。单纤维强力仪（LLY-06C/PC型），莱州市电子仪器有限公司。

（4）研究方法及条件。拉伸实验：分别对纤维束（自行制取）和胶质条（来自于竹子最内层的竹黄部分，以薄壁细胞为主）进行拉伸试验。碱煮后制取纤维，制得纤维束细度在10tex左右（约0.01mm²）；制取的胶质条截面约1mm²、长度不小于50mm，将制取的纤维束和胶质条放入温水中浸泡待用。测试时将纤维束和胶质条从水中捞出，用吸水纸吸去表面水分，迅速在单纤维强力仪上拉伸，测试从水中捞出后的拉伸断裂强度以及随时间变化的拉伸断裂强度。测试条件：预加张力0.05cN/dtex，夹持距离20mm，下夹头下降速度20mm/min。

撕裂实验：先在10mm宽竹片的中间位置上撕开一个10mm长的口子，然后在单纤维强力仪上将该竹片两端握持，测试撕裂强力，记录实验过程中的最大撕裂强力。测试条件同上。

因天然材料随机性比较大，所有测试样品数量不少于20个。

2. 研究结果与分析

测试结果见表3-1、表3-2及图3-1。

表3-1 胶质条及纤维束的拉伸断裂强度

指标 \ 材料	胶质条	内层纤维束	次内层纤维束	次外层纤维束
拉伸断裂强度（cN/mm²）	17.13	78.19 × 10²	91.09 × 10²	93.26 × 10²
拉伸断裂伸长率（%）	3.40	1.61	1.85	2.71

表3-2 不同部位的最大撕裂强力

最大撕裂强力（cN） \ 部位	内层	次内层	次外层	范围
胶质之间	11.41	10.35	14.08	10–15
胶质与纤维之间	15.16	19.29	23.03	15–25
纤维之间	26.12	25.69	27.09	25–30

由以上研究得出如下结论：

（1）由表3-1、表3-2结果可知，竹片的主要组成部分——纤维束的拉伸断裂强度远大于竹片中各部位的撕裂强力，纤维束的拉伸断裂强度一般在80 ~ 90 × 10² cN/mm²，而竹片不同部位的最大撕裂强力在10 ~ 30cN 之间，表明在湿热状态下竹材的纵横向仍具有明显的各向异性。

（2）由表3-1结果可知，纤维束的拉伸断裂强度远大于胶质条的拉伸断裂强度，纤维束的拉伸断裂强度一般在80 ~ 90 × 10² cN/mm²，断裂伸长率为1.50% ~ 2.80%，而胶质条的拉伸断裂强度小于20 cN/mm²，断裂伸长率为3.40%，表明竹材中的纤维束为高强材料，而竹材的另一组成胶质为低强材料，尽管两者脆性都较大但其拉伸断裂强度差异显著，这使得将纤维束从胶质中分离出来成为可能。两者结合在一起，属天然复合材料。

（3）纤维和胶质的力学性能受湿度影响很大。湿态下，胶质条拉伸断裂强度很低，且脆性大，但随干燥时间延长、湿度减小，强度逐渐增大，如图3-1所示。故对竹材的加工应在一定的湿度下进行。

（4）由表3-2结果可知，尽管竹材各部位的撕裂强力都较低，但纤维之间的撕裂强力仍大于胶质之间、胶质与纤维之间，因此竹材中纤维与胶质之间的界面结合强度不高。同时也表明，在竹材分离过程中将竹纤维束与胶质之间分离较容易，而将竹纤维与纤维之间分离需要更大的作用力。

（5）通过比较内层、次内层、次外层三层竹材的力学性能得出：从内层到外层，纤维的拉伸断裂强度、竹片撕裂强力依次增加，这可能与纤维细胞壁厚增大、不同胞间层结合强度增加以及木质素含量有关。同时表明竹材具有内松外紧的层状结构，这与单纤维增强复合材料性能非常相似。

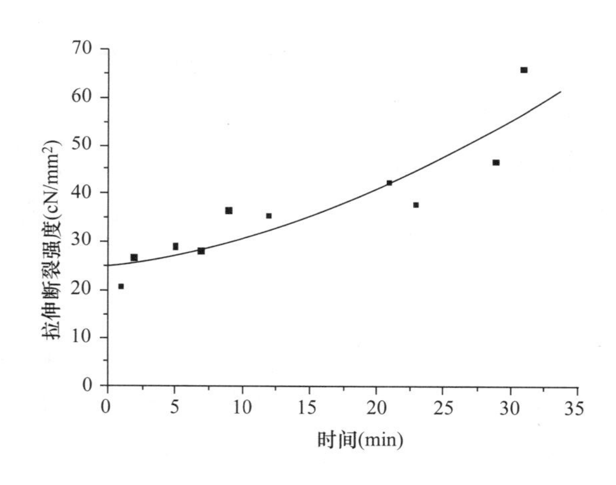

图3-1 随干燥时间的延长（含水量的减小）胶质条拉伸断裂强度的变化

总之，在湿态下竹材本质上仍属于一种天然非均匀纤维增强复合材料。从形态结构上看，它的主体由纵向贯通的长纤维组成，半纤维素、木质素、果胶为主（统称为胶质）构成的薄壁细胞等基质包围在竹纤维的周围，使竹纤维与这些基质黏结在一起，而呈坚固的片条状。竹纤维以纤维束的形式排列在竹材内部，纤维束之间基本上是相互平行排列的，因此竹材结构可视为典型的长纤维增强的单轴向生物复合材料。

其湿态材性分析表明：竹材耐拉伸和抗撕裂性能差异显著，竹材中的纤维束与基质的性能差异显著；同时，竹材内外层存在一定差异、竹材含水率的大小也对其性能产生影响，这些都是在竹材分离成纤过程中需要考虑的因素。

二、竹材成纤机理分析

竹材中决定该复合材料力学性质的竹纤维与构成基体的胶质沿竹材径向相互间隔、沿竹材轴向平行排列，从而必然在强度、刚度方面表现出强烈的各向异性。多位学者的研究表明：竹材纤维束强度高、伸长大，属韧性材料，而基体（薄壁细胞组织）强度低、脆性大，纤维/基体之间的界面强度较弱，竹材沿顺纹方向的拉伸强度可达150～300MPa，但沿横纹方向的拉伸强度和顺纹方向的剪切强度却很低。前面的研究结果进一步证实：即使在湿态下，竹材仍然呈现纵横向异性的特点，表现为纤维束的拉伸断裂强度远大于横向的撕裂强度；纤维束与基体（薄壁细胞组织）分别表现出高强与低强的材性差异，且两者之间结合较弱；纤维之间的结合力大于纤维束与基体之间的界面力，但在湿态下纤维束并未表现出很好的韧性，因此可以把竹材中的纤维和基质都看成是脆性材料。根据复合材料断裂力学理论，这种脆性基单向纤维增强复合材料，在外力作用下裂纹首先在基体萌生，适当的条件下引发纤维与基体间的界面脱粘作用（基体裂纹也容易在界面处转折最终导致界面脱粘）。

根据以上分析，对竹材施加压力、剪切力、扭转力及拉伸等外力时，它就会产生弹性或塑性变形。由于竹材纵横向异性，施加各种不同外力时，产生的松弛效果不同，当作用力小于纵向纤维拉伸断裂强力而大于横向撕裂力时，该作用力就会使竹材产生横向间的滑移而松弛。需要通过实验验证的是哪种外力会使竹材产生横向滑移的效果更显著，而且考虑到竹材内外层结构的不同、竹纤维束之间的结合力大于纤维束与基体之间的界面强度等方面，该作用力需要合理设计。

当受到横向滑移力之后，竹材中胶质之间特别是纤维与胶质之间（也包括少量纤维之间）的复杂作用力就会被减弱甚至克服，出现分离或部分分离。但是由第二章内容可知，竹材中竹纤维相互聚集支撑着维管束，纤维间的作用力大于纤维束与胶质界面间的作用力，因此仅仅将竹纤维束与胶质分离是不够的，这样得到的纤维束仍会很粗，满足不了纺织加工的需要，还需要进一步对竹纤维束进行分离。因此，在竹材发生界面分离形成初步裂纹之后再施加另一载荷，使竹材上的宏观裂纹分裂成许多细观裂纹，这样经过化学处理将表面胶质去除后，竹纤维就会一小束、一小束地裸露出来，形成束纤维。

总之，将以上竹材分纤过程分为两个阶段，第一阶段是宏观裂纹的产生，主要是纤维与基体的界面脱粘，也包括基体裂纹及少量纤维间的裂纹。需说明的是界面分离的前提是竹材需经一定条件的热处理，通过高温和少量的化学药剂软化竹材，特别是软化木质素，降低竹材中基体、纤维各自及相互间的作用力。第二阶段是宏观裂纹向微观裂纹的分化；作为竹纤维制取的最后阶段是化学法清除胶质。因此在竹纤维制取的整个过程中，是以物理法为主、化学法为辅的原则。

第二节　竹材的物理分离方法

按照物质受外加载荷的几种基本作用形式——拉伸、弯曲、压缩、剪切及扭转设计本实验。由于竹片极薄，厚度方向不考虑，将其看作二维的平面。其中弯曲作用因作用过程中易发生纤维断裂而未采用。本实验的目的是比较各种作用方式对竹材分离的效果。实验材料同第一节。

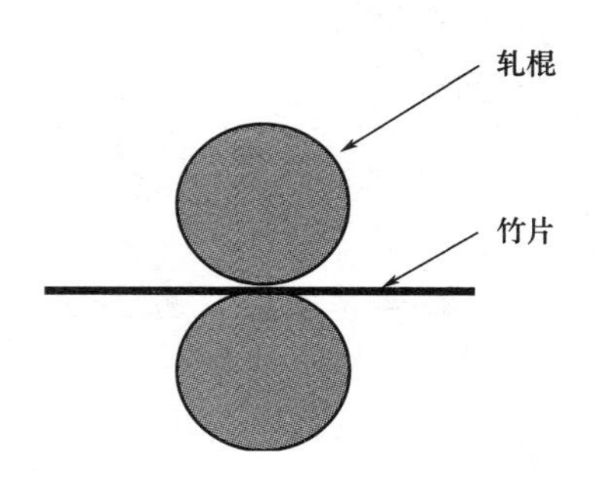

图3–2　施压过程

1. *压缩外力对竹材分离的影响*

实验方法：对碱煮过的竹片（固定采用次外层竹片，竹片尺寸：厚1mm，宽10mm，足够长，以下同）施加正压力（图3–2），然后在LLY–06C/PC型单纤维强力仪上测试其勾拉强力（竹片内纤维与胶质间的分离力）（图3–3）。由于竹片经外载负荷作用后，纤维上还黏附着大量的胶质，无法进行准确的纤维细度、残胶率等指标的测试，因此以下实验均用勾拉强力的大小进行竹片分离程度的判定。

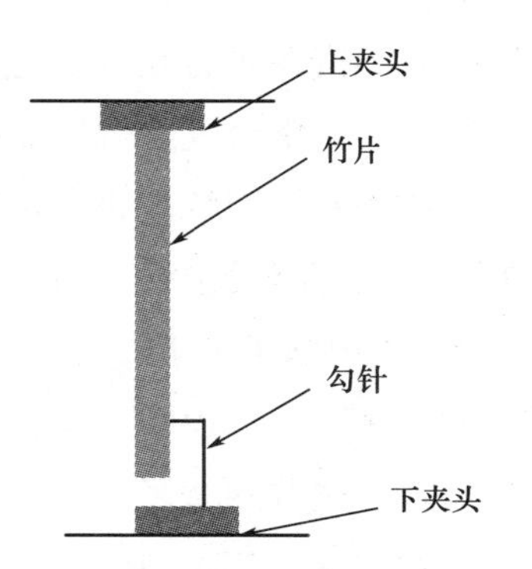

图3–3　勾拉过程

在施加压力过程中，改变了压力大小，分别施加0、0.2、0.4、0.6、0.8 MPa的压力，施压4次；改变施压次数，分别施压0、2、4、6、8次，压力选择0.6 MPa；更换轧辊材料，分别为1#、2#、3#材料，粗糙度依次增大。

实验结果见表3–3、图3–4、图3–5。

表3–3　不同压缩参数条件下的作用效果比较

作用条件＼指标	勾拉强力下降率（%）				
施压次数（压力0.6 MPa）	0次	2次	4次	6次	8次
	0	45.31	62.40	77.34	84.72
压力大小（受压4次）	0MPa	0.2MPa	0.4MPa	0.6MPa	0.8MPa
	0	44.84	62.01	64.26	71.32

注　采用3#轧棍材料。

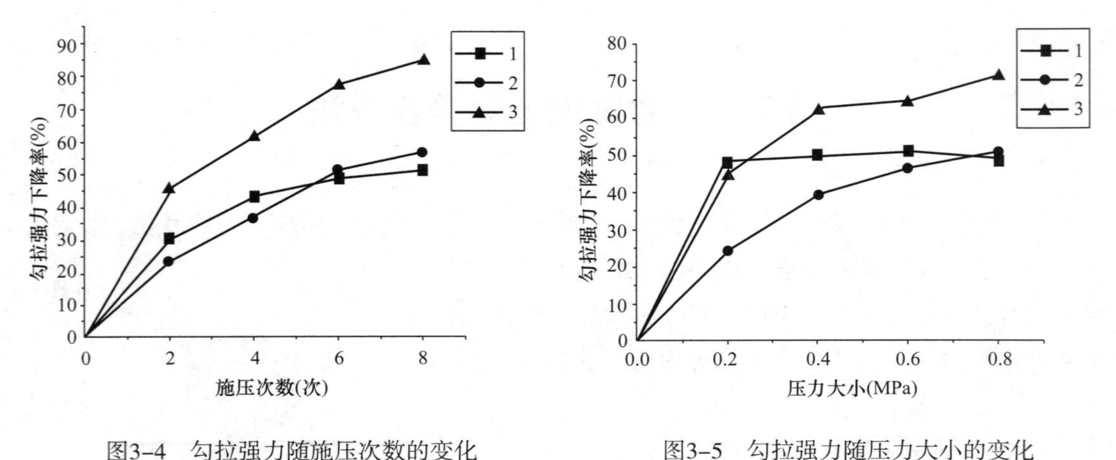

图3-4　勾拉强力随施压次数的变化　　　　图3-5　勾拉强力随压力大小的变化

（1、2、3分别代表轧棍材料1#、2#、3#）

压力负荷作用下的实验结果表明：在压力负荷作用下，竹片沿顺纹方向的勾拉强力下降了60%～70%，发生了显著的松弛分离效果。由于竹材的纵横向异性特点，在施加压力时所引起的横向张力和剪切力极易引发竹材沿顺纹方向出现裂纹并扩展，即使是垂直纹理的裂纹，也常常会发生偏转而改沿顺纹方向扩展。又由于竹材是纤维与基体弱界面结合材料，即使是基体裂纹也容易在界面处发生转折，从而使纤维保持完整，因此竹材在压力作用下横向很容易发生松弛而分离，而且由于压缩过程中竹片横向没有被限制其变形，因此会产生较大的横向膨胀，从而造成应力下降，而竹片中纤维纵向不会发生断裂。

竹片在受压过程中，压力的大小、施压次数以及轧棍材料对竹片的分离都有显著的作用。随施压次数的增多、压力增大，竹片沿顺纹方向的勾拉强力不断减小，竹片被分离的程度加剧。从图3-4、图3-5中看出，竹片在经受2～4次或0.4～0.6MPa的压力时，勾拉强力下降最快，以后下降减缓、效率逐渐降低。在反复受压或施加大压力过程中，竹片横向膨胀越来越小，这对于分离纤维与胶质已没有太大作用，反而会对纤维纵向强度造成破坏。从图中还可看出，在相同压力和受压次数时，表面粗糙的3#轧棍作用效果远优于光滑的1#、2#轧辊材料。3#轧辊材料被设计为高低起伏的点状凸起，这样可以产生竹片局部的高压区与低压区，高压区面积小压力大，只要该挤压分离临界压力小于纤维束的抗拉强度，竹片就会沿顺纹方向产生滑移和分离，而纤维不会被压断，同时由于湿态纤维在压力作用下有取向性，即纤维由压力高的区域向压力低的区域滑动，这样高低不平的挤压表面所产生的高压区与低压区，既保证了纤维的分离，又使纤维有足够的余地发生滑动，可有效避免纤维纵向压断现象的发生。最终加压条件设计为：0.6MPa压力、施压4次、3#轧辊材料。

总之，压缩外力的作用是在保证纤维束不断裂的前提下，使竹材天然复合材料的结构发生松弛、分离或重组，使纤维与胶质间的界面分离，甚至使纤维束发生部分分离，获得一定的尺寸形态以便继续施加另一载荷。

2. 扭转外力对竹材分离的影响

实验方法：碱煮后的竹片（实验材料条件同上）用夹持器将两端握持，沿轴向旋转180°，分别扭转5次、10次、20次、30次。

实验结果见表3–4。

表3–4 扭转外力对竹材分离的影响

结果 \ 条件	未受外力	扭转5次	扭转10次	扭转20次	扭转30次
平均勾拉强力（cN）	102.45	87.69	75.53	62.05	57.61
勾拉强力下降率（%）	0	14.4	26.27	39.44	43.77

注 扭转角度180°。

扭转外力对竹材的分离有较明显的作用，扭转次数越多竹片越容易分离，但扭转次数超过20次，竹材分离效率下降，且次数过多会导致纤维断裂，次数过少则分离效果不明显，扭转20次的平均勾拉强力下降率在40%左右。表3–4结果还表明，扭转力也有利于竹片中纤维束与胶质的分离，但是没有压缩负荷作用显著，这是因为扭转力在径向的分力较小的缘故，而且由于竹片的2维平面体使扭转力在不同力矩点的力大小不等。

3. 拉伸外力对竹材分离的影响

实验方法：沿竹片长度方向对碱煮后的竹片施加50g力的拉伸外力；将竹片沿与其轴向呈15°夹角的方向剪成平行四边形，如图3–6所示，握持两端，施加同样大小的拉伸外力，静置18h，然后在温水中浸泡1h后捞出测试其勾拉强力。由于竹片横向尺寸小（特别是一些小径竹横向尺寸更小），因此未施加横向拉伸负荷。

实验结果见表3–5、表3–6。

表3–5 拉伸外力对竹材分离的影响

结果 \ 条件	未受外力作用	受拉伸外力作用
平均勾拉强力（cN）	87.58	85.79
勾拉强力下降率（%）	0	2.04

通过对经受与未经受拉伸负荷竹片的勾拉强力值进行配对T检验表明：受拉伸与未受拉伸竹片的勾拉强力值无显著差异（相伴概率为0.645，大于0.05的显著性水平），表明纵向拉伸负荷对竹片的分离无显著作用，这与竹材的特性相吻合。

表3-6 斜向拉伸外力对竹材分离的影响

结果＼条件	未受外力作用	受斜向拉伸作用
平均勾拉强力（cN）	100.69	104.88
勾拉强力下降率（%）	0	−4.16

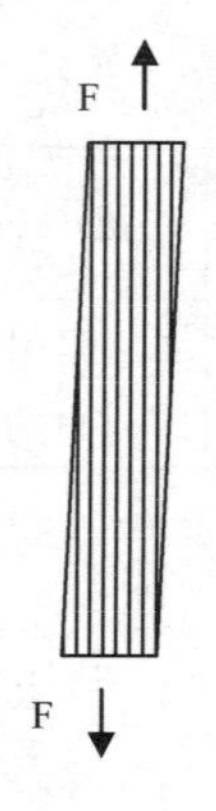

图3-6 对竹片施加斜向拉伸的取样方式

通过对经受与未经受斜向拉伸外力作用的竹片勾拉强力值做配对T检验，结果表明斜向拉伸对竹片的分离无显著作用（相伴概率为0.573，大于0.05的显著性水平）。这一方面说明斜向拉伸外力对竹片热软化效果要求较高，另一方面也是斜向制样角度较小的缘故。

以上研究表明，在物质的基本受力形式中，压缩外力对竹材界面分离效果最显著，扭转外力次之，顺纹方向拉伸与斜向拉伸作用不显著，这些结果与竹材特性是一致的。故竹材界面分离的最佳方式确定为：对竹片外载压缩负荷。

4. *超声波处理对竹材分离的影响*

为了引发竹材的细观裂纹，采用了超声波法。超声波既是一种波动形式，又是一种能量形式，利用它的机械力学机制和空化机制等作用近年来应用在苎麻、大麻等纤维的脱胶上。在此希望利用超声波的物理机械效应和空化效应在竹材中引发微细裂纹。

仪器：KQ—100A型超声波清洗器，昆山市超声仪器有限公司。

实验方法：碱煮后的竹片在超声波仪中进行处理，振动频率：25kHz，处理时间：30min，温度：30～40℃。碱煮后的竹片先经加压（0.6MPa，施压4次，3#轧辊材料）后经超声波处理（30min，25kHz），然后在强力仪上测试经过处理与未经处理竹片的勾拉强力。

实验结果见表3-7。

表3-7 超声波对竹材分离的影响

结果＼条件	未受外力作用	经超声波处理	经超声波+压力
平均勾拉强力（cN）	117.24	83.81	20.04
勾拉强力下降率（%）	0	26.74	82.9

表3-7的结果表明：采用超声波处理对竹片的分离效果有一定的作用，勾拉强力下降率接近30%。但从结果看，仅借助于超声波作用还不够显著，因为超声波的能量只能在局部微小区域起作用，因此对竹片的分离、对竹片宏观裂纹的产生作用不明显。

而经压力和超声波共同作用后，竹片的勾拉强力下降率达80%以上，两者组合作用效果优于单一方式作用之和。在处理过程中，竹片因压力先得以宏观分离，再利用超声波能量局部集中，促使物质局部做激烈的强迫机械振动，在一定频率的超声波振动过程中使竹片上的裂纹逐渐扩展。同时勾拉强力数据还表明：经过超声波和压力处理后勾拉强力数据波动较小，说明竹片的分离效果很均匀。

总之，对竹材先施加压力再实施超声波引发，压力使竹材横向分散，产生有效的分离作用，出现宏观裂纹；而超声波能量帮助纤维束内部进一步分离，也帮助纤维束与胶质分离，使竹材得以成纤。

第三节　竹纤维的化学制取方法

物理法使竹材初步成纤，宏观裂纹使竹纤维与胶质脱粘分离、而细观裂纹也已初步产生，但由于物理法无法使胶质脱除干净，因此必须配合化学脱胶方法对竹材上的胶质进行分离。

一、研究对象与方法

实验材料同前，经第二节物理法处理后的竹材作为本节的实验材料。

1. *化学处理方法*

目前，国内外麻的化学脱胶发展趋势是快速、高效、短流程和连续化，为了缩短工艺流程、加速脱胶工序进程以及节省能源，方法之一是取消传统的浸酸、高温高压煮练等工艺，其作用由碱煮工序增加功能作用来代替，即在碱液中添加有效的脱胶助剂，为加速胶质的溶出速度和效率创造条件。借鉴麻脱胶的研究基础，本节对竹纤维的化学脱胶工艺进行了设计，其宗旨是短工序、低能耗、低污染、低成本。本节的化学处理采用有效的脱胶助剂并进行复配，不采取传统的浸酸工序，煮练也在常压沸煮的条件下进行。本章中所制取的是生竹纤维，在后道工序中再对竹纤维做进一步的精细化处理。如漂白、多道煮练等。

实验方法：采用化学脱胶法，即利用竹材中的纤维素和胶质成分对碱液稳定性的不同，在不损伤或尽量少损伤纤维原有机械性能的原则下，去除其中的胶质成分。在此采用正交实验方法进行实验设计，利用正交表安排实验方案。

化学处理用药品：氢氧化钠，亚硫酸钠，焦磷酸四钠，表面活性剂ZF。

2. *竹纤维性能指标的测试方法*

经化学脱胶后，将竹纤维的细度、强度及残胶率等指标作为竹纤维制取成功的主要评判依据进行测试，这些指标决定了纤维的可纺性和应用价值。普通的化学脱胶主要脱除半纤维素为主的胶质，木质素脱除效果往往不好，故在此以残胶率而不是剩余木质素含量为指标进行工艺效果的评定。

（1）纤维细度。参照国标GB 6100—85，采用中段切断称重法测试。

仪器：中段切断器（Y171型），宁波纺织仪器厂；电子分析天平（AR2140型），奥豪斯国际贸易有限公司；电脑式恒温恒湿箱（YG751B型），宁波纺织仪器厂。

测试条件：纤维在温度（20±3）℃，相对湿度为（65±5）%的环境下调湿24h。

纤维细度计算：$T_t=1000m/(L\times N)$

式中：T_t为线密度（tex）；m为中段纤维质量（mg）；N为纤维根数（>300根）；L为切断纤维长度（20mm）。

（2）纤维残胶率。参照国标GB 5889—86苎麻残胶率测试方法进行测试。

仪器：八篮恒温烘箱（Y802L型），莱州电子仪器有限公司；电子分析天平（AR2140型），奥豪斯国际贸易有限公司；恒温水浴锅（HH·S21-8型），上海树立仪器仪表有限公司。

测试条件：NaOH溶液浓度20g/L，沸煮时间3h，烘干温度105～110℃（直至恒重）。

残胶率计算：$W_c=(G_0-G_1)/G_0\times 100$

式中：W_c为试样残胶率（%）；G_0为试样提取残胶前的干重（g）；G_1为试样提取残胶后的干重（g）。

（3）纤维断裂强度。参照国标GB 5886—86苎麻单纤维断裂强力试验方法进行测试。

仪器：单纤维强力仪（LLY-06C/PC型），莱州电子仪器有限公司；电脑式恒温恒湿箱（YG751B型），宁波纺织仪器厂。

测试条件：预加张力0.05cN/dtex，夹持距离20mm，下夹头下降速度20mm/min；

试样在温度（20±3）℃，相对湿度为（65±5）%的环境下调湿24h。

测试指标：断裂强度（cN/dtex）。

纤维制成率在此仅作为参照指标，非限定性指标，故未列出。

二、竹纤维制取用助剂的选择与复配

1. 竹纤维制取用助剂的选择

在化学脱胶的过程中，若只用烧碱溶液（不含其他化学助剂）作用于竹材，由于烧碱溶液对竹材的界面张力大于水对竹材的界面张力，会导致脱胶速度慢、脱胶时间长，甚至消耗更多的烧碱。随着人们对麻化学脱胶工艺的改进研究，特别是20世纪70年代末到80年代初，湖南株洲苎麻纺织厂、武汉市纺织科学研究所等单位先后选用磷酸盐类助剂，成功实现了以磷酸三钠和亚硫酸钠、三聚磷酸钠、焦磷酸四钠和亚硫酸钠三种为代表的无机助剂化学快速脱胶工艺。该工艺大大缩短了碱煮时间，提高了工效和脱胶效率，因此很快在全国范围内得到了应用和推广。

亚硫酸钠具有还原作用，能夺取其他物质中的氧，防止这些物质在高温和强碱性介质中对纤维的损伤，尤其在碱煮过程中，亚硫酸钠能使木质素变成木质素磺酸盐而易溶于碱液中。

磷酸三钠有溶解果胶、蜡脂质的作用，同时具有渗透、乳化和很强的分散性能。分散性能的产生，使它对多价金属离子有较强的络合能力，可促使胶质分解、溶出。此外，磷酸三钠本身对胶质有吸附能力，使胶质不断与煮练液作用，而又不断地分散在煮练液中。

三聚磷酸钠是一种多电荷并具有胶束结构的电解质，正是这个原因，煮练一开始就大大增加了胶质上的负电势，加快了钠离子对胶质作用的反应速度，使果胶、木质素、半纤维素胶质分散成微小的胶溶粒子而悬浮于碱液中，同时由于它的高势垒可以阻止、延缓溶解了的胶质重新吸附到竹材表面的现象，这是三聚磷酸钠优于磷酸三钠的一个重要原因。且它也是一种很强的螯合剂。

焦磷酸四钠具备三聚磷酸钠所有的优点，并且更优于三聚磷酸钠的是，它在高温、高浓度碱液条件下的水解性小，有利于保持和发挥效能，故能以较小的用量达到较好的快速脱胶效果，很好地适应了实际生产条件。

除上述无机化学助剂外，表面活性剂也是一种应用较多的脱胶助剂，它可以大大降低液面的表面张力，提高反应的活化能。若将表面活性剂与几种无机化学助剂复配，将会综合低表面张力、高渗透效果、扩散和多价电荷胶束的强电解质等多方面优势，而发挥出较佳的快速脱胶效果。

根据以上分析，最终选定焦磷酸四钠和亚硫酸钠两种无机化学试剂，并选用纺织印染助剂公司提供的表面活性剂（ZF），利用正交实验方法进行实验设计，确定这三种助剂的最佳用量并按比例进行复配。

2. *竹纤维制取用助剂的正交实验设计*

由于竹材结构紧密，而且其中的半纤维素、木质素等胶质含量远远大于常规麻的胶质含量，因此三种脱胶助剂（亚硫酸钠、焦磷酸四钠、表面活性剂ZF）的最大用量范围都比麻脱胶用量增加一倍。为了确定它们的最佳值，选择$L_9(3^4)$正交表进行实验设计（表3-8）。另外，助剂用量单位均为对竹材重（%），碱煮NaOH浓度为10g/L，碱煮时间为1h。

表3-8　脱胶用助剂正交实验设计方案

因素 水平	A 亚硫酸钠（%）	B 焦磷酸四钠（%）	C 表面活性剂（ZF）（%）
1	0	0	0
2	3	3	3
3	6	6	6

3．竹纤维制取用助剂的正交实验结果与分析

表3-9是竹纤维制取用助剂的正交实验结果，表3-10是各测试指标的直观分析结果。其中，*K*表示各个水平的均值，*R*表示极差。

表3-9 脱胶用助剂正交实验结果

样品编号	A 亚硫酸钠	B 焦磷酸四钠	C 表面活性剂（ZF）	测试指标		
				纤维细度（tex）	纤维强度（cN/dtex）	残胶率（%）
Z_1	1	1	1	6.88	2.98	17.83
Z_2	1	2	2	5.39	3.52	16.61
Z_3	1	3	3	4.69	3.64	17.73
Z_4	2	1	2	5.39	3.45	16.66
Z_5	2	2	3	4.86	3.35	18.50
Z_6	2	3	1	5.90	3.14	17.48
Z_7	3	1	3	4.81	3.81	17.16
Z_8	3	2	1	5.50	3.66	16.09
Z_9	3	3	2	6.35	2.86	17.78

表3-10 脱胶用助剂正交实验直观分析结果

指标		A 亚硫酸钠	B 焦磷酸四钠	C 表面活性剂（ZF）
纤维细度（tex）	K_{1j}	5.65	5.69	6.09
	K_{2j}	5.38	5.25	5.71
	K_{3j}	5.55	5.65	4.79
	R_j	0.27	0.45	1.31
纤维强度（cN/dtex）	K_{1j}	3.38	3.41	3.26
	K_{2j}	3.31	3.51	3.28
	K_{3j}	3.44	3.21	3.60
	R_j	0.13	0.30	0.34
残胶率（%）	K_{1j}	17.39	17.22	17.13
	K_{2j}	17.55	17.03	17.02
	K_{3j}	17.01	17.66	17.80
	R_j	0.54	0.60	0.78

首先利用表3-10确定各助剂的最佳用量。对于纤维细度来说，该指标越小越好，最佳方案为$A_2B_2C_3$；对于纤维强度来说，该指标越大越好，最佳方案为$A_3B_2C_3$；对于纤维残胶率来说，该指标越小越好，最佳方案为$A_3B_2C_2$。综合得出三种助剂的最优用量方案

是$A_3B_2C_3$，即亚硫酸钠6%，焦磷酸四钠3%，表面活性剂（ZF）6%。这种组合方案没有安排在表3-9的九个实验中，按照最优方案重新制取竹纤维，得到纤维性能指标列于表3-11。

表3-11　助剂最优方案下的纤维性能指标

纤维细度（tex）	纤维强度（cN/dtex）	残胶率（%）
4.75	3.55	16.32

表3-11中各项纤维性能指标相对较优，因此竹纤维制取用助剂的最优方案为：$A_3B_2C_3$。并在此基础上，按照亚硫酸钠：焦磷酸四钠：表面活性剂（ZF）=2：1：2的比例将三种助剂复配成一种新的助剂，称为复合助剂。

方差分析表明，对于脱胶效果来说，三种助剂的作用大小各不相同，基本趋势是：表面活性剂（ZF）＞焦磷酸四钠≥亚硫酸钠。但就助剂作用的显著性来说，只有表面活性剂（ZF）对纤维细度的影响作用显著，其他二者的作用都不明显；而对于纤维强度和残胶率来说，三者均没有显著作用。这可能是由于单纯靠脱胶助剂的作用还不够强，还需要与碱浓度、碱煮时间等工艺条件相结合才能发挥出最佳效果。需要进一步研究竹纤维化学制取工艺。

三、竹纤维化学制取工艺的研究

在竹纤维化学制取工艺中，氢氧化钠浓度、碱煮时间及复合助剂的用量对脱胶效果产生很大影响，需要进行单因素影响分析，通过对所制取纤维性能指标（纤维细度、纤维强度、残胶率）的测试，根据各个因素的变化范围进行正交实验设计，优化工艺参数，得到竹纤维制取的最佳化学工艺条件。

1. 竹纤维化学制取工艺参数的单因素分析

（1）碱浓度对脱胶效果的影响。氢氧化钠是碱煮过程中的主要化工原料，其用量大小不仅影响脱胶的质量，也影响化工原料的消耗和成本。用量过少，脱胶程度不足；反之，用量过多，既浪费了化工原料，还会导致脱胶过头，形成竹单根纤维，无法进行纺纱。因此，氢氧化钠的用量非常重要。在复合助剂用量为10%（对竹材重），碱煮时间为90min的条件下，改变NaOH的浓度，进行一系列实验，实验结果见图3-7。

从图3-7中可以看出，随着碱浓度的增加，纤维的细度、强度和残胶率都呈下降趋势。这是由于在相同助剂用量及碱煮时间的条件下，NaOH浓度越高，便有更多的Na^+离子进入竹材内部与胶质进行反应，这样，纤维与胶质的分离程度也更大，因此纤维变细、残胶率下降，但与此同时，也有更多的Na^+离子进入竹材内部破坏纤维细胞间质的连接，同时也对纤维造成一定损伤，因而纤维强度有所降低。

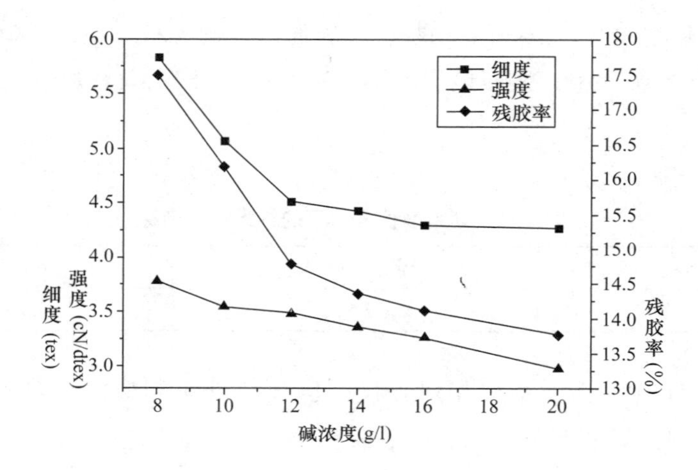

图3-7　碱浓度对竹纤维性能的影响

当NaOH浓度增加到16g/L时，纤维细度、残胶率值基本达到稳定，而纤维强度仍在下降。事实上，在14g/L时，各项指标变化速率显著减慢，即使再增加NaOH浓度到20g/L，纤维细度、残胶率也没有太大改善，反而使纤维强度进一步下降，说明此残留在竹纤维上的胶质很难在碱作用下去除。因而再增加NaOH浓度无法起到应有的作用，故选择NaOH浓度范围为11 ~ 15g/L。

（2）碱煮时间对脱胶效果的影响。碱煮时间是煮练过程的重要工艺参数之一。在NaOH浓度为14g/L，复合助剂用量为10%的条件下，研究碱煮时间对脱胶效果的影响，实验结果见图3-8。

从图3-8中可以看出，随着碱煮时间的延长，纤维强度呈下降趋势，纤维的细度和残胶率先下降，而后随着时间的延长（120min后）有所上升；而且碱煮时间到90min后，下降的

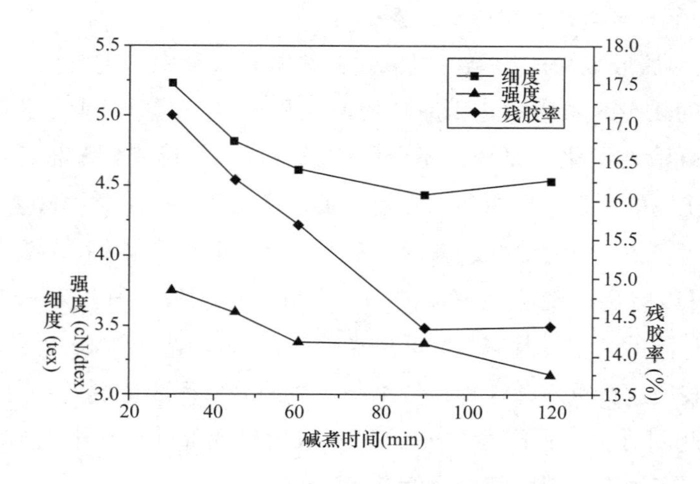

图3-8　碱煮时间对竹纤维性能的影响

趋势较平缓。这是因为，一方面，随着时间的增加，溶液中的碱浓度在不断减小，反应的速度逐渐变慢。碱煮时间从30min延长到60min时，纤维细度、强度、残胶率的下降幅度都较大，时间从60min再延长到90min时，下降速度减慢；另一方面，随着碱煮时间的延长，竹材表面开始形成多糖高分子物凝胶，即溶解了的胶质又重新吸附在竹材表面，阻止了Na^+离子及复合助剂离子对胶质的进一步反应，因此脱胶程度开始稳定，以至于时间再延长到120min，重新吸附的胶质使竹纤维的细度和残胶率又有所回升。但是纤维强度则不同，时间越长，只会使纤维表面受到的损伤越大，降低强度。因而选择碱煮时间范围为60～100min。

（3）复合助剂用量对脱胶效果的影响。将上述三种助剂按一定比例复配形成复合助剂。在NaOH浓度为14g/L，碱煮时间为90min的条件下，摸索该复合助剂用量对脱胶效果的影响，实验结果见图3-9。

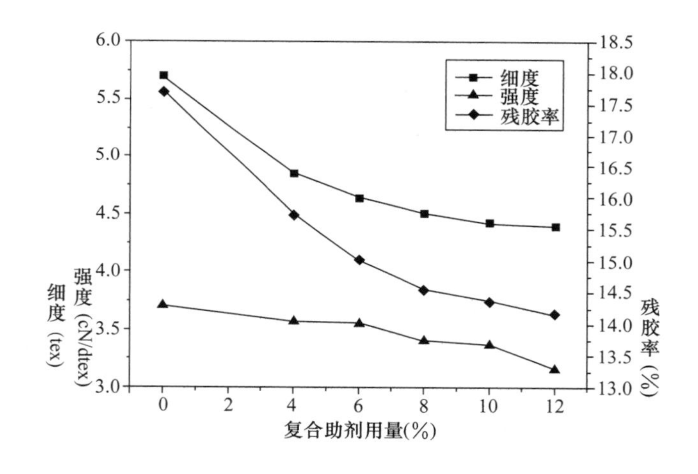

图3-9　复合助剂用量对竹纤维性能的影响

从图3-9中可以看出，随着复合助剂用量的增加，纤维的细度、强度和残胶率都呈下降趋势。该复合助剂具有低表面张力、高渗透效果、多价电荷胶束的强电解质和高势垒等多方面特点。复合助剂用量越多，越有利于Na^+离子与胶质进行反应。另外，由于它的高势垒作用，可以阻止、延缓溶解了的胶质重新吸附到竹材表面，加快了脱胶的进行，同时也使更多Na^+离子进入竹材内部。因而，复合助剂用量增加后，纤维得到细化，残胶率有所下降，当然也由于更多Na^+离子的作用造成纤维一定的损伤。

当复合助剂用量由10%增加到12%时，纤维的细度趋于稳定，这是因为余下的胶质是难以溶解的抗碱性物质，由于Na^+离子进入竹材内部，也会造成纤维强度的下降，但对纤维细度的改善不大。因而，确定复合助剂的用量范围为6%～10%。

2. 竹纤维化学制取工艺的正交实验设计

通过对碱煮过程中NaOH浓度、碱煮时间及复合助剂用量的单因素影响分析，确定了三个因素的工艺参数范围。为了最终得到它们的最佳值，选择L_9（3^4）正交表进行实验设计（表3–12）。

表3–12 竹纤维化学制取工艺的正交实验设计

因素 水平	A NaOH浓度（g/L）	B 碱煮时间（min）	C 复合助剂浓度（%）
1	11	60	6
2	13	80	8
3	15	100	10

3. 竹纤维化学制取工艺的正交实验结果与分析

竹纤维化学制取工艺的正交实验结果见表3–13，分析结果见表3–14。

表3–13 竹纤维化学制取工艺的正交实验结果

因素 水平 样品编号	A NaOH浓度	B 碱煮时间	C 复合助剂浓度	测试指标		
				纤维细度（tex）	纤维强度（cN/dtex）	残胶率（%）
J_1	1	1	1	5.63	3.70	17.91
J_2	1	2	2	5.16	3.85	16.95
J_3	1	3	3	4.93	3.59	15.26
J_4	2	1	2	4.97	3.44	14.97
J_5	2	2	3	4.58	3.27	14.66
J_6	2	3	1	4.83	3.73	14.20
J_7	3	1	3	4.20	3.49	13.86
J_8	3	2	1	4.61	3.45	14.56
J_9	3	3	2	4.85	2.75	14.42

表3–14 竹纤维化学制取工艺的正交实验直观分析结果

指标		A NaOH浓度（g/L）	B 碱煮时间（min）	C 复合助剂浓度（%）
纤维细度（tex）	K_{1j}	5.24	4.93	5.02
	K_{2j}	4.79	4.78	4.99
	K_{3j}	4.55	4.87	4.57
	R_j	0.69	0.15	0.45
纤维强度（cN/dtex）	K_{1j}	3.71	3.54	3.63
	K_{2j}	3.48	3.52	3.35
	K_{3j}	3.23	3.36	3.45
	R_j	0.48	0.19	0.28

续表

指标		A NaOH浓度（g/L）	B 碱煮时间（min）	C 复合助剂浓度（%）
残胶率（%）	K_{1j}	16.71	15.58	15.56
	K_{2j}	14.61	15.39	15.45
	K_{3j}	14.28	14.63	14.59
	R_j	2.43	0.95	0.96

通过该正交实验，可以确定竹纤维制取的最优工艺条件。首先分析在不同测试指标下的最佳方案，列于表3-15中。

表3-15 不同测试指标下的最佳方案

测试指标	最佳方案
纤维细度	$A_3B_2C_3$
纤维强度	$A_1B_1C_1$
残胶率	$A_3B_3C_3$

从表3-14可以看出：碱浓度和复合助剂用量从1水平到3水平，纤维细度越来越细，残胶率越来越低，纤维强度也越来越低，这与前面的单因素分析结果是一致的。但纤维强度的下降幅度并不大，可以满足加工与服用要求。因此，通过表3-15，可以得出碱浓度和复合助剂用量的最佳水平为3水平。对于时间因素的各水平来说，一方面时间对纤维各指标的影响较小，另一方面纤维细度作为本工艺的重要测试指标，也为了节约能耗，选择碱煮时间为2水平。因此，综合得出竹纤维制取工艺的优化方案为$A_3B_2C_3$：即NaOH浓度为15g/L，碱煮时间为80min，复合助剂用量为10%。该组合方案没有安排在表3-13的九个实验中，按照优化方案重新制取竹纤维，得到纤维性能指标如表3-16。

表3-16 竹纤维制取工艺优化方案下的纤维性能指标

纤维细度（tex）	纤维强度（cN/dtex）	残胶率（%）
4.15	3.13	14.16

另外，通过方差分析可以得出不同工艺条件对于脱胶效果的作用大小，其基本趋势是：NaOH浓度＞复合助剂用量＞碱煮时间。就作用的显著性来说，NaOH浓度和复合助剂用量对纤维细度分别有很显著和显著的影响，而对于纤维强度和残胶率来说，三者均没有显著影响。分析其原因，对纤维强度来说，由于所制取的竹工艺纤维细度相对较粗，本实验中碱用量并不大，虽然碱处理会在一定程度上破坏纤维间的结合，但对纤维强度影响较

小；对残胶率来说，主要是因为竹材中含有部分抗碱性的顽固胶质，经碱处理到一定程度后，其残胶率基本达到稳定。

综上所述，通过对竹纤维制取工艺的单因素实验及正交实验，得到毛竹纤维的最佳细度为4.15tex，残胶率为14.16%，纤维强度为3.13 cN/dtex。同时利用相同工艺处理慈竹，得到慈竹纤维细度3.71tex，残胶率13.15%，纤维强度3.23 cN/dtex。

尽管通过物理化学制取工艺获得的竹纤维还较粗，残胶率还很高，但其纤维已初步具备纺织用纤维的雏形，因此，物理化学联合的制取工艺是可行的。当然，从纤维可纺性来说还存在一定的差距，尤其是顽固性胶质的存在，很难仅仅通过煮练方式使纤维的细度和残胶率得到显著改善，有待于选择更有效的木质素脱除手段做进一步研究。

本章小结

本章采用物理化学相结合的方法制取竹纤维，物理为主、化学为辅，该方法简单、工艺流程短、能耗低、有利于工业化应用。

（1）通过对竹材材性、成纤机理的分析，设计了包括宏观裂纹产生和宏观裂纹向微观裂纹分化的两个阶段的竹材分纤过程。

（2）由实验得出了宏观裂纹产生的最佳方式——压缩负荷法和细观裂纹引发的有效方式——超声波法，实验结果证明可达到良好的竹材分纤效果。

（3）经过对脱胶助剂的分析，选用亚硫酸钠、焦磷酸四钠和表面活性剂（ZF）作为竹纤维化学制取用助剂，并通过正交实验讨论，按三者比例为2∶1∶2进行复配，得到复合助剂。

（4）通过对碱浓度、碱煮时间及复合助剂用量的单因素分析，得到竹纤维化学制取的碱浓度范围为11～15g/L，碱煮时间范围为60～100min，复合助剂用量范围为6%～10%。通过对竹纤维化学制取工艺的正交实验分析，得到竹纤维化学制取的优化工艺条件为NaOH浓度15g/L，碱煮时间80min，复合助剂用量10%，温度100℃，在此条件下毛竹纤维性能指标为纤维细度4.15tex，纤维强度3.13cN/dtex，残胶率14.16%；慈竹纤维细度3.71tex，残胶率13.15%，纤维强度3.23 cN/dtex。

本章参考文献

[1] 高路. 物理法对天然竹纤维的制取［D］. 北京：北京服装学院，2009.
[2] 韩晓俊. 天然竹纤维的制取及性能研究［D］. 北京：北京服装学院，2007.

[3] 于文吉，江泽慧，叶克林．竹材特性研究及其进展［J］．世界林业研究，2002，15（2）：50-55.
[4] 魏学智．竹材的结构及开发利用［J］．山西师大学报：自然科学版，1998，12（3）：56-60.
[5] 邹惟前，刘方龙．植物纤维复合材料的原理与特性［J］．复合材料学报，1987，4（1）：87-91.
[6] 方伟，钱领元，李和达．部分国产竹材的比较解剖研究［J］．竹子研究汇刊，1989，8（4）：1-11.
[7] 冼杏娟，冼定国．竹材的微观结构及其与力学性能的关系［J］．竹子研究汇刊，1990，3（9）：10-23.
[8] Abd L M．Effect of age and height on selected properties of three Malaysian bamboo species［D］．M．Sc．Thesis，Universiti Pertanian Malaysia，1991.
[9] 吴旦人．竹材防护［M］．长沙：湖南科学技术出版社，1992.
[10] 冼杏娟，冼定国．竹材的断裂特性［J］．材料科学进展，1991，5（4）：336-341.
[11] Liese W．The structure of bamboo in relation to its properties and utilization［C］．Proceedings of the International symposium on Industrial Use of Bamboo，Beijing，China．1992：7-11.
[12] 刘锡礼．复合材料力学基础［M］．北京：中国建筑工业出版社，1984.
[13] 李龙，张茂林，王俊勃．单向芳纶/PP复合材料平面纵横剪切性能的分析研究［J］．玻璃钢/复合材料，2003（4）：3-5.
[14] 冼杏娟，李端义．复合材料破坏分析及微观图谱［M］．北京：科学出版社，1993：1-6，46-49.
[15] 杜善义，沃丁柱，章怡宁，等．复合材料及其结构的力学、设计、应用和评价［M］．哈尔滨：哈尔滨工业大学出版社，2000：99-108.
[16] 王震鸣．复合材料力学和复合材料结构力学［M］．北京：北京工业出版社，1991：21-29.
[17] 伍章健．复合材料界面和界面力学［J］．应用基础与工程科学学报，1995，3（3）：80-92.
[18] 罗海安，王奇山．弱界面复合材料中的基体裂纹［J］．力学学报，1997，29（1）：38-46.
[19] 何力军，吕国志．一种新的基体损伤与界面脱粘理论分析模型［J］．西北工业大学学报，2001，19（4）：529-532.
[20] 申宗圻．木材学［M］．北京：中国林业出版社，1993：282-293.
[21] 杨淑蕙．植物纤维化学［M］．北京：中国轻工业出版社，2001.

[22] 郭起荣，胡宜柏. 厚皮毛竹纤维形态研究 [J]. 江西农业大学学报，1999，21（2）：223-225.
[23] Fujii T，Okubo K. Eco-composites using bamboo [J]. SEN-I GAKKAISHI，2003，59（3）：84-88.
[24] 高洁，汤烈贵. 纤维素科学 [M]. 北京：科学出版社，1999.
[25] 李世红，曾其蕴. 竹子——一种天然生物复合材料的研究 [J]. 材料研究学报，1994，8（2）：188-192.
[26] Ray A K，Mondal S，Das S K，et al. Bamboo—a functionally graded composite-correlation between microstructure and mechanical strength [J]. Journal of materials science，2005，40（19）：5249-5253.
[27] 钱友三，程隆棣. 竹原纤维的细化工艺及其长度和细度的相关性 [J]. 上海纺织科技，2005，33（8）：14-16.
[28] Chai H，Babcock C D，Knauss W G. One dimensional modelling of failure in laminated plates by delamination buckling [J]. International Journal of Solids and Structures，1981，17（11）：1069-1083.
[29] 邓国基，曾庆敦. 正交叠层板横向裂纹扩展分析——初始开裂 [J]. 华南理工大学学报（自然科学版），1997，11：140-147.
[30] 沈观林. 复合材料力学 [M]. 北京：清华大学出版社，1995：13-14.
[31] 董振英，李庆斌. 纤维增强脆性复合材料细观力学若干进展 [J]. 力学进展，2001，4：555-573.
[32] 邹武，张立同. 纤维增强复合材料的界面裂纹分析 [J]. 固体火箭技术，2000，23（4）：42-47.
[33] 孙炳楠，候杭生，萧之隽. 单向复合材料中拟断裂引起的裂纹扩展 [J]. 浙江大学学报（自然科学版），1987，4：33-45.
[34] 肖长发. 纤维复合材料——纤维、基体、力学性能 [M]. 北京：中国石化出版社，1995：6-11，297-300.
[35] 张汝光. 单向复合材料的破坏机理——纤维，基体和界面状况对强度的影响 [J]. 力学季刊，1986，4：64-71.
[36] 张汝光，许守勃. 纤维增强复合材料的基体和界面控制破坏的强度理论 [J]. 复合材料学报，1985，2（4）：40-42.
[37] Rice J R，Rosengren G F. Plane strain deformation near a crack tip in a power-law hardening material [J]. Journal of the Mechanics and Physics of Solids，1968，16（1）：1-12.
[38] [苏] Г.П切列帕诺夫. 脆性断裂力学 [M]. 北京：科学出版社，1990.

[39] 王善元，张汝光. 纤维增强复合材料［M］. 上海：中国纺织大学出版社，1998：143-145.

[40] Ishikawa T，Matsushima M，Hayashi Y，et al. Experimental confirmation of the theory of elastic moduli of fabric composites［J］. Journal of Composite Materials，1985，19（5）：443-458.

[41] Fei Y P，Xue Y D，Shen H Y. Micro-mechanical analysis of the knee-point on tension stress-strain curve of composites［J］. Mechanical behaviour of materials- V，1988：1213-1218.

[42] Dollar A，Steif P S. Interface blunting of matrix cracks in fiber-reinforced ceramics［J］. Journal of applied mechanics，1992，59（4）：796-803.

[43] 许沭华，王肖钧，张刚明，等. Kevlar 纤维增强复合材料动态压缩力学性能实验研究［J］. 实验力学，2001，16（1）：26-33.

[44] 胡更开. 复合材料宏观性能的细观力学研究［J］. 力学与实践，1996，18（6）：6-11.

[45] 罗文波，杨挺青，张平. 高聚物细观损伤演化的研究进展［J］. 力学进展，2001，31（2）：264-275.

[46] 倪敬达，于湖生. 天然植物纤维增强复合材料的研究应用［J］. 化纤与纺织技术，2006（2）：29-33.

[47] 高洪亮. 浅谈植物纤维分离技术与设备［J］. 人造板通讯，2003（6）：7-9.

[48] 张蔚，李文彬，姚文斌. 天然长竹纤维的分离机理及其制备方法初探［J］. 北京林业大学学报，2007，29（4）：63-66.

[49] 曲丽君. 大麻机械脱胶与碱氧法脱胶研究［D］. 上海：东华大学，2006.

[50] 邵卓平. 竹材的层间断裂性质［J］. 林业科学，2008，44（5）：122-127.

[51] 李庆春. 竹纤维的性能及其开发技术关键［J］. 四川纺织科技，2003（5）：56-58.

[52] 邵卓平. 竹材在压缩大变形下的力学行为—I. 应力—应变关系［J］. 木材工业，2003，17（2）：12-14.

[53] Leupin M. Bast Fibers：Fiber Substitute or Raw Material Base of the Future［J］. International Textile Bulletin，2000，1：22-26.

[54] Deshpande A P，Bhaskar Rao M，Lakshmana Rao C. Extraction of bamboo fibers and their use as reinforcement in polymeric composites［J］. Journal of applied polymer science，2000，76（1）：83-92.

[55] Lo T Y，Cui H Z，Leung H C. The effect of fiber density on strength capacity of bamboo［J］. Materials letters，2004，58（21）：2595-2598.

[56] Tabarsa T, YINS H E I C. Stress-strain response of wood under radial compression. Part I. Test method and influences of cellular properties [J]. Wood and fiber science, 2000, 32 (2): 144-152.

[57] 蒋国华. 超声波在大麻脱胶预处理中的应用 [J]. 中国麻业, 2003, 25 (2): 83-85.

[58] 崔运花. 超声波技术在苎麻纤维预处理中的应用 [J]. 纺织学报, 1998, 19 (6): 43-44.

[59] 罗登林, 丘泰球, 卢群. 超声波技术及应用 (Ⅲ)——超声波在分离技术方面的应用 [J]. 日用化学工业, 2006, 36 (1): 46-49.

[60] Thakore K A, 陈水林. 超声波在纺织品湿加工过程的应用 [J]. 国外纺织技术, 1991, 6: 28-33.

[61] 万震, 刘嵩, 吴秀君. 超声波在纺织品加工中的应用 [J]. 纺织导报, 2001 (2): 22-24.

[62] Wang H, Wang X. Hemp processing with microwave and ultrasonic treatments [C] // TIWC 2004: Proceedings of The Textile Institute 83rd World Conference. The Textile Institute & Donghua University, 2012: 779-782.

第四章　化学氧化法对竹纤维中木质素的脱除

通过竹材选择以及竹纤维制取方法的研究，在纤维形态尺寸、力学性能等指标上已初步达到麻类纤维（如黄麻生麻）标准的基本要求，但在纤维手感、韧性、白度、细度等方面还与纺织用纤维有一定的距离。其中最重要的原因是耐碱性极强的木质素利用碱脱胶工艺极难脱除，因此本章将以木质素的脱除为主要目的，深入研究木质素脱除的有效方法，在满足纤维强度要求的条件下，提高纤维白度、改善手感，同时细化纤维。本章的主要目标是进一步改善竹纤维的性能。

第一节　木质素脱除方法概述

木质素是植物纤维中胶质的重要组成部分。由于木质素耐碱性极强，通常植物纤维的脱胶工艺很难将其脱除，特别是对于木质素含量很高的竹材而言，必须采用专门的方法进行脱除。目前较有效的去除方法为化学脱除法，主要有含氯氧化剂氧化法、双氧水氧化法、高碘酸氧化法、臭氧氧化法等，处理的目的是氧化并脱除木质素，使纤维变白、变软、变细，同时要求强度能满足纺织加工的要求。其他方法如碱处理法也有一定效果，生物酶法，因缺乏专用的木质素酶，对于木质素含量极高的竹材而言，目前应用的可行性很小。

一、碱脱除法

碱脱除法处理效果主要取决于原料中的木质素含量。目前麻类纤维的脱胶均采用此方法，它可以有效地去除原料中的半纤维素物质，同时也一定程度地去除部分木质素。碱水解半纤维素的机理是基于木聚糖半纤维素和其他组分内部分子之间酯键的皂化作用，随着酯键的减少，纤维原料的空隙率增加，有利于液体的渗透，从而有效脱除半纤维素并去除部分木质素。另外也有部分木质素与碱反应生成可溶性碱木质素得以去除。这种方法的优点是半纤维素与木质素可以同时脱除，但对木质素的脱除效率较低，且纤维中的剩余木质素遇碱会颜色泛黄。

二、含氯氧化剂氧化法

含氯氧化剂中包括次氯酸钠、亚氯酸钠等。次氯酸钠的氧化原理主要是通过它的水解形成次氯酸，次氯酸再进一步分解形成新生态氧原子。其过程可用化学方程式简单表示：

$$NaClO+H_2O \rightarrow HClO+NaOH$$

$$HClO \rightarrow HCl+[O]$$

次氯酸钠具有良好的氧化性及漂白效果，用于竹纤维的处理可以在氧化木质素的同时起到漂白作用，但氯处理对纤维损伤较大。与其他几种传统的漂白工艺相比，次氯酸钠具有漂白时间短、煮漂合一、失重小、漂后手感柔软、弹性好、白度高、能耗低、适应品种广、设备占地面积小等优点，但污染问题限制了其发展。

亚氯酸钠去杂效率比较高，其氧化原理可用下式表示：

$$NaClO_2+H_2O \rightarrow HClO_2+NaOH$$

$$HClO_2 \rightarrow H^++ClO_2^-$$

分解过程中产生的ClO_2是漂白的有效成分，它能溶解竹纤维中的木质素和果胶物质，从而起到漂白作用，这便是$NaClO_2$去杂能力较强的原因。但是ClO_2是一种腐蚀性很强的气体，机器设备的材料和劳动保护要求很高，因而受到一定的限制。

三、双氧水氧化法

1. 双氧水的作用与原理

利用双氧水（H_2O_2）在碱性条件下产生新生态氧与纤维中的木质素起反应进行氧化处理。双氧水是一种弱二元酸，在水溶液中可按（4–1）式电离：

$$H_2O_2 \rightarrow H^++HOO^- \tag{4-1}$$

双氧水电离出的离子HOO^-是氧化漂白的主要成分，能使木质素结构单元的苯环和侧链碎解，最终使木质素分子从纤维中溶出。而HOO^-又是一种亲核试剂，具有引发过氧化氢形成游离基的作用：

$$HOO^-+H_2O_2 \rightarrow HOO\cdot+OH^-$$

按照（4–1）式在双氧水中加入氢氧化钠，使溶液的pH在10～10.5之间，使OH^-中和H^+，这样既能提高HOO^-浓度，也可提高溶液的稳定性，增强氧化漂白作用。在氧化漂白过程中双氧水在木质素结构单元苯环上发生反应，而木质素苯环在脱胶煮练过程中由无色变成有色醌式结构，双氧水与木质素结构单元苯环反应就是破坏醌式结构，使之有色结构变成其他无色结构，最终导致苯环氧化开裂形成一系列的二元羧酸和芳香酸。双氧水的分解产物无污染、无毒、不腐蚀设备。

由H_2O_2氧化漂白的反应动力学可知：在一定前提下，H_2O_2氧化漂白过程中木质素的脱除速率随H_2O_2用量、pH及温度的增加而增加，而木质素脱除量的多少也与反应时间有关，浴比则影响着氧化漂白过程中的质量传递。因此，H_2O_2用量、pH、温度、反应时间等都是影响H_2O_2氧化漂白的主要因素。

2. 双氧水的应用现状

双氧水作为漂白剂被广泛地用于纺织工业，尤其是在棉织物与纱线的漂白方面应用广泛。有关研究资料表明：在使纤维素分子断裂所需的耗氧量上，双氧水的耗氧量大于次氯酸钠和亚氯酸钠，这说明双氧水对纤维素损伤程度较轻。另外，氯处理中产生的醛基是导致漂白物泛黄的原因，因此氯漂易于泛黄，而氧漂的白度稳定，不易泛黄。同时，双氧水还可以实行煮漂一浴工艺。青岛大学曲丽君对黄麻进行碱氧一浴一步法脱胶漂白处理，其工艺特点在于碱和双氧水互相作用，碱既起到去除黄麻纤维中的果胶、半纤维素、木质素及其他杂质的作用，又为双氧水的分解提供了一个碱性环境。双氧水在酸性介质中很稳定，分解速率非常低，而在碱性介质中可以被碱活化，双氧水分子发生离解，漂白黄麻纤维，同时尤为重要的是双氧水可以氧化木质素，木质素被氧化后可溶解于高温强碱液中，从而得以去除。由于双氧水去杂能力强，加上分解产物无污染、无毒、不腐蚀设备，这些都使双氧水成为植物纤维处理工艺中氧化漂白剂的最佳选择。

虽然双氧水在棉、麻类织物的漂白工艺中应用较多，但对于竹材漂白、竹纤维脱除木质素效果及是否有利于竹纤维细化等方面鲜有研究。

四、臭氧氧化法

1. 臭氧的作用与原理

臭氧（O_3）是氧分子（O_2）的同素异形体，常温下是呈淡蓝色、带草腥味气体，标准状态下的密度是2.144 g/L。臭氧在水中的溶解度是氧的10 ~ 15倍，但稳定性较差。气态臭氧在室温下的自然分解需要数小时，但温度越高、湿度越大，半衰期越短。臭氧作为非氯漂白剂的一种，可以解决传统的氯气漂白带来的环境污染问题。臭氧是强氧化剂，用作纸浆的漂白剂能有效脱除木质素，提高纸浆的白度。

研究发现，O_3在水溶液中的氧化作用取决于分解条件和分解机理，一般认为：O_3在水中的分解过程受到OH^-的催化作用，很快被还原。目前，O_3在水中分解的模式有许多，其中被多数人认可的模式为Aocler和Hill提出的反应历程：

$$O_3+H_2O \rightarrow HO_3^++OH^-$$

$$HO_3^++OH^- \rightarrow 2HO_2 \cdot$$

$$O_3+HO_2 \cdot \rightarrow \cdot OH+2O_2$$

$$HO \cdot +HO_2 \cdot \rightarrow H_2O+O_2$$

除废水处理、纸浆漂白外，国内臭氧氧化法在纺织业的应用还属空白，本研究是臭氧在纺织行业上应用的探索性实践。

2. 臭氧的应用现状

华南理工大学孙健将臭氧用于氧化分解木质纤维原料中的木质素和半纤维素，反应中木质素结构中的苯环和双键与臭氧反应生成含羰基的化合物和氢过氧化物，使其降解。该方法中木质素受到很大程度的降解，半纤维素只受轻微攻击，而纤维素几乎不受影响。此法的优点是可以有效地去除木质素，不产生对进一步反应起抑制作用的物质，反应在常温常压下即可进行。

陕西科技大学陈秀玉研究了臭氧处理纸浆的作用原理，结果表明臭氧主要对木质素苯环和双键进行亲电取代，破坏木质素的发色基团，处理效果很好。

昆明理工大学周学飞在研究麦草木质素臭氧处理中发现，经臭氧处理后，木质素苯环开裂、愈创木基较易分解、酚羟基增加、甲氧基减少、酯键断裂，发色基团、助色基团减少。

四川理工学院杨玲研究了硫酸盐竹浆臭氧漂白过程，得到了竹浆臭氧漂白的最佳工艺条件。研究还发现，将适量H_2O_2和臭氧协同作用，会增加木质素的溶解性并活化木质素，从而提高木质素的脱除率。

国外臭氧在纺织工业上的应用研究涉及染色废水处理、棉织物漂白、棉坯布前处理、柞蚕丝的漂白、化学纤维的改性处理等方面。

木质素的去除是竹纤维制取的难点之一，也是竹纤维细化的必然途径。因此，研究竹纤维中木质素的去除方法对于开发纺织用竹纤维势在必行。从保证纤维性状和保护环境角度出发，本章重点探讨双氧水氧化法、臭氧氧化法脱除竹纤维中的木质素。将臭氧用于植物纤维的改性、木质素的去除，这在国内外纺织领域还未曾尝试。

第二节 研究对象与方法

一、研究对象

在优选的竹种中，丛生竹属于我国南部地区较丰富的竹资源，因属于小径竹，而未在工业上大量使用，如果能在纺织上找到其用途，将充分发挥丛生小径竹的作用。本章以第三章制取的湖南丛生竹纤维为原料进行研究，纤维规格、指标见表4-1。

表4-1　实验材料主要规格及指标

纤维细度（tex）	纤维长度（mm）	纤维强度（cN/dtex）	纤维白度（%）	木质素含量（%）
3.27	70～80	3.87	45.77	9.24

注　（1）以下纤维长度基本保持不变，故不再列出；
（2）由于竹材原料品质的波动，纤维指标与第三章结果有所差异。

二、研究方法

1. 竹纤维处理方法

化学氧化法是脱除木质素的有效途径。本章主要探讨次氯酸钠、双氧水与臭氧三种氧化剂对竹纤维的处理效果，其中次氯酸钠处理竹纤维的作用效果作为后两种方法的参照，目的是对三种竹纤维的氧化处理效果进行比较。

仪器：臭氧发生器（Sb），北京三龙腾飞臭氧设备制造厂；制氧机（HG5系列），沈阳昌泰医疗科技有限公司；水浴恒温振荡器（SHZ-88），江苏省金坛市医疗仪器厂；精密pH计（PHS-3C），上海精密科学仪器有限公司；电子分析天平（AR2140），上海奥豪斯国际贸易有限公司。

处理用试剂：次氯酸钠氧化剂（有效氯6%），30%双氧水，双氧水稳定剂1#，双氧水稳定剂2#，双氧水稳定剂3#（Rudolf GmbH & CO.KG提供），冰醋酸，氢氧化钠，脱胶用复合助剂（参见第三章）。

工艺流程：化学氧化处理→水洗→碱煮→水洗至中性。纤维中的木质素经氧化剂氧化后，采用碱处理法将氧化的木质素脱除。

处理条件：化学氧化处理——浴比1∶20，氧化剂浓度Xg/L（或臭氧流量Xg/h），处理时间Ymin，处理温度Z℃（或纤维带液率Z%），pH W［或双氧水稳定剂（V号）8g/L］。

碱煮——浴比1∶20，氢氧化钠浓度8g/L，脱胶用复合助剂8%，处理温度100℃，处理时间80min。

实验方法：采用正交实验设计方法，按照$L_9(3^4)$正交表安排实验。

（1）次氯酸钠处理。次氯酸钠处理时，选择4个影响因素，分别为次氯酸钠浓度、处理时间、处理温度和pH，各影响因素的水平确定如下。

因素A：浓度。次氯酸钠浓度是影响木质素被氧化漂白效果的重要因素，浓度太低达不到处理要求，且需要较长的处理时间，浓度太高不仅浪费药品，而且有使纤维受到严重损伤的危险。根据竹纤维中木质素的含量，将次氯酸钠处理液浓度的水平定为1g/L、2g/L和3g/L，要求起到氧化漂白的作用，但不损伤纤维。

因素B：处理时间。反应时间也是影响化学反应的一个重要因素，对大多数反应来说反应时间越长越有利于反应的进行，但是随着反应的进行，化学反应不如起初时那样有效和迅速，资源的利用率明显下降，因此要从经济的角度、综合角度考虑反应时间的控制。

因素C：处理温度。次氯酸钠处理温度的控制也很关键，温度低，处理时间过长，且效果也不好；温度高往往使得氯挥发损失太快，且随温度升高，纤维素被氧化的程度也在加剧。

因素D：pH。处理液的pH在弱酸性条件下，虽然氧化漂白速率比碱性时要快，但由于酸性条件会对纤维素产生较大损伤，且有大量的氯气逸出，劳动保护比较困难，所以在次氯酸钠氧化漂白时将pH提高到弱碱性到碱性范围。

具体安排见表4-2。

表4-2 次氯酸钠处理竹纤维正交实验设计安排表

因素 水平	A $NaClO_4$浓度（g/L）	B 处理时间（min）	C 处理温度（℃）	D pH
1	1	40	30	8
2	2	80	45	9
3	3	120	60	10

（2）双氧水处理。双氧水处理时，选择了浓度、处理时间、处理温度、稳定剂为影响因素，各因素的水平设计如下。

因素A：双氧水浓度。采用碱性条件下的双氧水漂白，故双氧水的使用浓度很关键。浓度太大会损伤纤维，浓度太小木质素脱除效果不明显。由于竹纤维中木质素含量比较高，在此取10g/L、15g/L和20g/L三个水平。

因素B：处理时间。处理时间的长短会影响试剂的渗透程度，时间太长对纤维作用太剧烈，会使强力降低，不能满足纺纱的要求。因此，在时间上选择60min、90min和120min。

因素C：处理温度。双氧水氧化漂白往往需要较高的温度，为了能达到较好的氧化漂白效果而不损伤纤维，选择了85℃、90℃和95℃三个水平。

因素D：稳定剂种类。氧化漂白时添加助剂可起到促进反应的进行、稳定反应过程以及保护纤维的作用。助剂采用双氧水稳定剂1#、2#、3#，比较三种稳定剂作用的不同。

具体实验设计见表4-3。

表4-3 双氧水处理竹纤维正交实验设计安排表

因素 水平	A H_2O_2浓度（g/L）	B 处理时间（min）	C 处理温度（℃）	D 助剂
1	10	60	85	稳定剂1#
2	15	90	90	稳定剂2#
3	20	120	95	稳定剂3#

注 pH=10～10.5。

（3）臭氧处理。本实验采用正交实验设计方法和单因素方法摸索气态臭氧处理竹纤维的最优条件。

A．臭氧处理正交实验。

针对气态臭氧处理方法，正交实验设计中，安排了四个影响因素分别为：臭氧流量（g/h）、处理时间（min）、pH、纤维带液率（%），根据文献，纤维带液率对臭氧氧化效果影响很大。纤维带液率即纤维中所含水分，计算公式如下：

纤维带液率=（纤维润湿后重量−纤维润湿前重量）/纤维润湿前重量×100%

实验在室温下进行。每个因素分别尝试3个水平，具体安排见表4−4。

表4−4　臭氧处理竹纤维正交实验设计安排表

水平＼因素	A　臭氧流量（g/h）	B　处理时间（min）	C　pH	D　纤维带液率（%）
1	12	5	10	50
2	18	15	7	75
3	24	25	5	100

注　分别用乙酸、氢氧化钠调节溶液pH。

B．臭氧处理单因素实验。

通过正交实验了解到臭氧处理过程中各因素对竹纤维性能的影响大小依次为臭氧流量 > 纤维带液率 > 处理时间 > pH，并初步确定了各影响因素的最佳取值范围。在此基础上，单因素实验将依次对臭氧流量、纤维带液率两个影响较大因素做进一步的细化分析。固定其他因素，仅改变臭氧的流量或纤维带液率，从而得到臭氧处理过程中主要因素的最佳条件。具体安排见表4−14、表4−15。

2．**竹纤维性能测试方法**

竹纤维的细度、白度、强度及剩余木质素含量等指标是竹纤维性能改善的主要评价指标，它们决定了纤维的可纺性和应用价值，在此作为纤维性能的测试项目。

（1）纤维细度。同第三章。

（2）纤维白度。依据GB/T 17644—1998，纺织纤维白度色度试验方法。

仪器：全自动色差计（SC−80C），北京康光仪器有限公司。

测试条件：纤维剪碎，使其长度<2mm。试样均在温度（20±3）℃，相对湿度为（65±5）%的恒温恒湿环境下平衡24h。

测试指标：亨特白度值Wh（%）。

（3）纤维强度。同第三章。

（4）剩余木质素含量。参照苎麻的化学成分测试方法，依据 GB 5889—86进行实验。

仪器：八篮恒温烘箱（Y802L），莱州电子仪器公司；电子分析天平（AR2140），上海奥豪斯国际贸易有限公司；水浴恒温振荡器（SHZ-88），江苏省金坛市医疗仪器厂；循环水式多用真空泵（SHB-Ⅲ），郑州长城科工贸有限公司。

其他用品：称量瓶、锥形瓶、三角烧瓶、玻璃砂芯滤器、玻璃干燥器等。

测试用药品：H_2SO_4溶液（72%）、$BaCl_2$溶液（10%）。

测试条件：纤维剪碎，使其长度<2mm。纤维烘干——105℃下烘2～3h至恒重，干燥器中冷却30min。H_2SO_4浸泡——浴比1∶30，在72%的H_2SO_4溶液中于8～15℃下放置24h。沸煮——蒸馏水稀释10倍，100℃水浴锅中煮1h。抽滤溶液检验硫酸根离子——$BaCl_2$（10%）。

结果计算：$W=G_2/G_1\times100\%$。式中：W为剩余木质素含量（%）；G_1为试样干重（g）；G_2为剩余木质素干重（g）。

第三节　木质素氧化脱除效果分析

一、次氯酸钠处理

表4-5　次氯酸钠处理竹纤维正交实验结果

样品编号	A 浓度	B 时间	C 温度	D pH	测试指标			
					纤维细度（tex）	纤维白度（%）	纤维强度（cN/dtex）	剩余木质素含量（%）
L_1	1	1	1	1	3.19	45.27	3.13	7.55
L_2	1	2	2	2	2.47	48.23	2.69	6.20
L_3	1	3	3	3	2.32	48.97	3.11	5.52
L_4	2	1	2	3	2.60	50.04	2.58	5.19
L_5	2	2	3	1	2.23	59.54	2.01	4.99
L_6	2	3	1	2	2.61	51.82	3.52	5.93
L_7	3	1	3	2	2.29	62.14	1.22	0.75
L_8	3	2	1	3	2.78	50.37	2.89	3.04
L_9	3	3	2	1	2.14	57.02	1.83	1.34

表4-5是次氯酸钠处理的正交实验结果，表4-6是实验结果直观分析表。其中，K表示各个水平的均值，R表示极差。

由表4-5可以看出，纤维细度随着作用条件的加剧而越来越细，纤维白度大幅度提高，纤维强度和剩余木质素含量都呈下降趋势。

表4-6结果表明，从极差分析，纤维中剩余木质素含量受各因素的影响大小为：

A>C>B>D，即浓度对木质素含量的影响最大，因为随着浓度的增加，木质素氧化加剧，导致木质素含量下降；温度对木质素的去除也有很大的作用，但当温度升高到一定水平后，木质素的去除速度减缓；随着处理时间的延长、pH的变化，纤维中剩余木质素的含量变化不大。

表4-6　次氯酸钠处理竹纤维正交实验结果直观分析表

结果 \ 因素		A　浓度	B　时间	C　温度	D　pH
纤维细度（tex）	K_{1j}	2.66	2.69	2.86	2.52
	K_{2j}	2.48	2.50	2.40	2.46
	K_{3j}	2.40	2.36	2.28	2.57
	R_j	0.26	0.33	0.58	0.11
纤维白度（%）	K_{1j}	47.49	52.48	49.15	53.94
	K_{2j}	53.80	52.71	51.76	54.06
	K_{3j}	56.51	52.60	56.88	49.79
	R_j	9.02	0.23	7.73	4.27
纤维强度（cN/dtex）	K_{1j}	2.98	2.31	3.18	2.32
	K_{2j}	2.70	2.53	2.37	2.47
	K_{3j}	1.98	2.82	2.11	2.86
	R_j	1.00	0.51	1.07	0.54
剩余木质素含量（%）	K_{1j}	6.42	4.50	5.51	4.63
	K_{2j}	5.37	4.74	4.24	4.29
	K_{3j}	1.71	4.26	3.75	4.58
	R_j	4.71	0.48	1.76	0.34

由表4-6可以看出，纤维细度受各因素的影响大小为：C>B>A>D，即处理温度对竹纤维细度的影响最大，其次为处理时间和浓度，pH的影响最小。究其原因：随着温度的升高，纤维内部动能增大，次氯酸钠氧化速度加剧，使得胶质更容易脱离纤维，因此随着温度的升高纤维快速变细；随着次氯酸钠浓度的增加，细度呈逐渐下降的趋势，这是因为氧化剂使纤维内部的木质素氧化而逐步溶出，原来的束纤维（也称工艺纤维）内部由胶质连接的单纤维由于木质素的溶出部分分散开，表现为纤维细度逐渐减小，特别是在反应的最初阶段纤维细化速度较快；随着时间的延长，纤维细度也有较大程度的减小；随着pH升高，纤维的细度变化幅度不大，特别是碱性过强，细纤维损伤，反而使竹纤维平均细度变粗。

纤维白度随着作用条件的加剧有很大程度的提高，亨特白度最大值为62.14%，最小值为45.27%。从极差分析，纤维白度受各因素的影响大小为：A>C>D>B，即浓度对纤维白度的影响最大，其次是处理温度，pH的影响也相对较大，处理时间的影响最小。因为随着浓度、处理温度的提高，纤维内部的色素氧化，特别是木质素的氧化溶出，就会使纤维变白；但随着时间的延长，纤维的白度几乎没有变化，这是由于次氯酸钠在一定的温度下，氧化漂白速度很快，以至于再延长时间纤维白度也没有明显的增加；随着pH的增加，纤维的白度呈下降的趋势，这说明溶液碱性过强对纤维白度的提高不利。

对于纤维强度，各因素的影响大小为：C>A>D>B，即温度对竹纤维强度的影响最大，其次是浓度，最后是pH和时间。随着处理温度、氧化剂浓度的提高，纤维受损，强度下降，特别是浓度增大到一定程度，强度损失很大；而随着时间的延长，纤维强度似乎增大了，事实上，这一方面是由于细纤维、低强度纤维的损伤，另一方面也是长时间处理胶质重新吸附的结果。

另外，由于次氯酸钠处理效果较剧烈，造成竹纤维的长度发生不同程度的下降。

总之，通过表4-6可以得出不同处理条件对于改善纤维性能的作用大小，基本趋势为：浓度>温度>时间>pH。通过对不同测试指标的分析，在满足纤维强度的基础上，从性能和经济角度综合考虑，次氯酸钠的浓度过大对纤维强度损失太严重，所以选择A_2（2g/L）；随着温度的升高，纤维强度下降较严重，所以在温度上选择中等水平的C_2（45℃）；在时间的选择上，由于80min与120min处理效果差别不大，所以选择B_2（80min），pH选择D_2（pH9）。因此，综合得出次氯酸钠处理的优化方案为$A_2B_2C_2D_2$，这种组合方案没有安排在表4-5的9个实验中，按照优化方案重新制取竹纤维，得到纤维性能指标为纤维细度2.26tex，纤维白度53.07%，纤维强度2.50 cN/dtex，剩余木质素含量3.38%。

二、双氧水处理

双氧水处理的正交实验结果见表4-7，直观分析结果见表4-8。

表4-7　H_2O_2处理竹纤维正交实验结果

样品编号	A 浓度	B 时间	C 温度	D 助剂	测试指标			
					纤维细度（tex）	纤维白度（%）	纤维强度（cN/dtex）	剩余木质素含量（%）
H_1	1	1	1	1	2.92	49.36	3.53	6.48
H_2	1	2	2	2	2.67	51.58	3.01	6.14
H_3	1	3	3	3	2.74	53.25	2.62	4.67
H_4	2	1	2	3	2.55	52.19	2.93	5.64

续表

样品编号	A 浓度	B 时间	C 温度	D 助剂	测试指标			
					纤维细度（tex）	纤维白度（%）	纤维强度（cN/dtex）	剩余木质素含量（%）
H_5	2	2	3	1	2.85	57.70	2.34	6.82
H_6	2	3	1	2	2.65	52.73	3.31	7.46
H_7	3	1	3	2	2.74	58.51	2.33	5.95
H_8	3	2	1	3	2.62	51.60	3.60	6.64
H_9	3	3	2	1	2.42	50.76	2.79	4.49

由表4-7看出，随着处理条件加剧，纤维白度提高、纤维细度和剩余木质素含量呈下降趋势，纤维强度也有所下降，但变化幅度不大。

经不同条件的双氧水处理，纤维剩余木质素含量有一定程度的下降，最大值为7.46%，最小值为4.49%。由表4-8知，纤维木质素含量受各因素的影响大小为：C>B>A>D，即温度对木质素含量的降低最有效，其次是时间和浓度，稳定剂种类的影响最小。与次氯酸钠氧化效果相比，双氧水对纤维中木质素的脱除效果欠佳，说明双氧水的氧化能力不强。

表4-8结果表明，在双氧水的作用下纤维细度逐渐下降，从极差结果分析，纤维细度受各因素的影响大小为：C>A>B>D，即处理温度对纤维细度的影响最大，其次是浓度和时间因素，助剂种类影响最小。因为随着双氧水浓度的增加，双氧水的氧化作用使得木质素裂解，纤维逐渐变细；随着处理时间的延长和温度的升高，反应加剧，胶质等更容易脱离纤维，使得纤维变细，但温度过高双氧水的氧化作用对纤维损伤较大，所以纤维的平均细度反而变粗。

随着双氧水浓度的增大，纤维白度增大，但到15g/L后，浓度再增大，白度提高幅度不大；随着温度的升高，纤维白度显著提高，尤其是从90～95℃时白度大幅度提高；随着时间的延长，纤维稍变白后反而下降，这是由于溶解的胶质重新吸附的结果。三种稳定剂相比较，2#双氧水稳定剂对纤维白度的改善作用较大。

对于纤维强度而言，随着温度、浓度和时间的加剧，纤维强度呈现逐渐减小的趋势，这是由于双氧水的氧化作用使纤维受损，木质素裂解，又随温度的升高，加快了反应的速率和动能，纤维强度呈下降趋势。三种稳定剂中，2#、3#双氧水稳定剂对纤维强度的保护作用较好。与次氯酸钠处理相比，除温度过高对纤维强度损伤严重外，其他因素均可满足强度指标的要求。

由双氧水处理正交实验结果分析可知：处理温度、处理时间、双氧水浓度的增加都能使纤维细度、白度、剩余木质素含量有不同程度的改善，助剂的添加使双氧水能更好地渗

表4-8 H_2O_2处理竹纤维正交实验结果直观分析表

结果＼因素		A 浓度	B 时间	C 温度	D 助剂
纤维细度（tex）	K_{1j}	2.78	2.74	2.73	2.73
	K_{2j}	2.68	2.71	2.55	2.66
	K_{3j}	2.59	2.62	2.78	2.64
	R_j	0.19	0.13	0.23	0.09
纤维白度（%）	K_{1j}	51.38	52.35	51.23	52.61
	K_{2j}	54.21	53.63	51.51	54.27
	K_{3j}	53.62	51.24	56.48	52.35
	R_j	2.36	1.39	5.26	1.93
纤维强度（cN/dtex）	K_{1j}	3.05	2.93	3.48	2.88
	K_{2j}	2.86	2.98	2.91	3.04
	K_{3j}	2.91	2.91	2.43	3.05
	R_j	0.19	0.07	1.05	0.17
剩余木质素含量（%）	K_{1j}	5.76	6.02	6.86	5.93
	K_{2j}	6.64	6.53	5.42	6.52
	K_{3j}	5.69	5.54	5.81	5.65
	R_j	0.95	0.99	1.44	0.87

入纤维内部，脱除纤维中的木质素，达到氧化漂白的目的。各因素的作用大小为：温度C>浓度A>处理时间B>助剂D。与次氯酸钠氧化剂相比，双氧水氧化剂对木质素的去除作用不大，但对白度的提高有一定的作用，而且能防止纤维泛黄。

通过双氧水正交实验结果可知，双氧水处理的最佳工艺条件为：$C_2B_2A_2D_3$，即双氧水浓度15g/L，温度为90℃，处理时间90min，助剂为3#双氧水稳定剂，pH为10～10.5；此条件下竹纤维的物理性能指标为：纤维细度2.55 tex，纤维白度55.53%，纤维强度3.18cN/dtex，剩余木质素含量6.01%。从该结果可以看出，纤维的白度和强度已达到可纺性的要求，但纤维剩余木质素含量还有待进一步降低。

三、臭氧处理

1. 臭氧处理的正交实验

竹纤维经臭氧处理的正交实验结果见表4-9，直观分析结果见表4-10～表4-13。

（1）纤维剩余木质素含量的影响因素分析。从表4-9看出，与原样相比，经臭氧处理后的竹纤维剩余木质素含量显著降低，这说明臭氧处理对竹纤维中木质素的脱除作用明显。从表4-10的极差分析可知：臭氧流量和纤维带液率是影响纤维剩余木质素含量的两个重要因素。

表4-9　臭氧处理竹纤维正交实验结果

样品编号	纤维细度（tex）	纤维强度（cN/dtex）	纤维白度（%）	剩余木质素含量（%）
O_1	2.13	3.64	51.70	3.83
O_2	2.55	2.83	54.92	3.74
O_3	2.02	3.09	56.55	3.16
O_4	2.41	3.17	51.98	4.04
O_5	2.19	3.62	51.83	5.15
O_6	2.43	3.20	54.15	5.07
O_7	2.74	2.81	51.63	5.40
O_8	2.75	2.86	53.72	4.06
O_9	2.46	2.69	52.07	5.66

由表4-10中纤维剩余木质素在各因素各水平下的均值可知：随着臭氧流量的增大，竹纤维中剩余木质素含量不但没有减小反而增大，这说明臭氧流量过大不利于臭氧氧化作用的发生；随着带液率的增大，竹纤维的剩余木质素含量减少；但随处理时间的延长，木质素含量没有明显的下降趋势，该结果与表4-11中纤维白度结果不一致，说明白度与木质素含量不呈正比，木质素含量低，纤维白，但纤维白，木质素含量不一定低；pH因素对纤维剩余木质素的影响最小，在酸性、碱性和中性条件下臭氧处理后的纤维剩余木质素含量接近，碱性条件下稍小。故仅从剩余木质素指标方面考虑，臭氧处理参数的最优水平为$A_1B_1C_1D_3$。

表4-10　臭氧正交实验处理后纤维剩余木质素含量的极差分析表　　（单位：%）

因素 / 结果	A　臭氧流量	B　处理时间	C　pH	D　纤维带液率
均值1	3.58	4.42	4.32	4.88
均值2	4.75	4.32	4.48	4.74
均值3	5.04	4.63	4.57	3.75
极差	1.46	0.31	0.25	1.13

（2）纤维白度的影响因素分析。由表4-11的极差分析可知：对纤维白度影响最大的是处理时间，其次是带液率和臭氧流量，pH则影响较小。根据纤维白度指标在各因素各水平下的均值可知：随着臭氧处理时间的延长，竹纤维的白度值增高。在5～15min处理过

程中，竹纤维白度值增加显著，以后递增的程度减小，故臭氧处理时间过度延长效果不大；随着带液率的增大，竹纤维的白度值增高。同样在75%的带液率条件下，竹纤维白度值增加显著，以后递增的程度减小，故带液率不必过大；在臭氧流量方面，流量越小竹纤维白度值越高，当12g/h的臭氧流量时已足够，过度氧化反而会使纤维颜色发黄；pH因素的影响最小，在酸性、碱性和中性条件下臭氧处理得到的竹纤维白度值接近，酸性条件下纤维白度稍好。故仅从白度指标方面考虑，其臭氧处理参数的最优水平为A_1B_3（或B_2）C_3D_2（或D_3）。

表4-11　臭氧正交实验处理后纤维白度的极差分析表　（单位：%）

因素 / 结果	A　臭氧流量	B　处理时间	C　pH	D　纤维带液率
均值1	54.39	51.77	53.19	51.87
均值2	52.65	53.49	52.99	53.57
均值3	52.47	54.26	53.34	54.08
极差	1.92	2.49	0.35	2.21

（3）纤维细度和纤维强度的影响因素分析。表4-12、表4-13为竹纤维经臭氧正交实验处理后纤维细度、强度指标测试结果的极差分析。因为纤维细度和断裂强度是反映臭氧对竹纤维处理效果的两个重要性能指标，且两者关系密切，故一起进行分析。

表4-12　臭氧正交实验处理后纤维细度的极差分析表　（单位：tex）

因素 / 结果	A　臭氧流量	B　处理时间	C　pH	D　纤维带液率
均值1	2.23	2.43	2.44	2.26
均值2	2.34	2.50	2.47	2.57
均值3	2.65	2.30	2.32	2.39
极差	0.42	0.20	0.15	0.31

由表4-12的极差分析可知：对纤维细度影响最大的是臭氧流量因素，其次是纤维带液率因素，这是两个影响纤维细度指标最主要的因素；相比较而言，臭氧处理时间因素对纤维细度指标的影响不大，而pH因素则影响最小。由表4-13的极差分析可知：对纤维断裂强度影响最大的是臭氧流量因素，其次是纤维带液率和pH因素，处理时间因素影响最小。

表4-13　臭氧正交实验处理后纤维断裂强度的极差分析表　（单位：cN/dtex）

结果＼因素	A　臭氧流量	B　处理时间	C　pH	D　纤维带液率
均值1	3.18	3.20	3.23	3.32
均值2	3.33	3.10	2.90	2.95
均值3	2.79	2.99	3.17	3.04
极差	0.54	0.21	0.33	0.37

首先分析臭氧流量因素，由表4-12、表4-13中纤维细度、断裂强度指标在臭氧流量各水平下的均值可知：随着臭氧流量的增大，纤维越来越粗、纤维断裂强度呈下降趋势。结合两表分析可知：臭氧流量越大，对竹纤维的氧化作用越剧烈，纤维损伤严重，其中的细纤维很容易断裂，从而使得处理后的纤维较粗，且断裂强度下降，由此可见，过高的臭氧流量对竹纤维的细化产生副作用，故最有利的流量水平是12g/h。其次分析纤维带液率因素，表4-12和表4-13中带液率因素在75%水平时，竹纤维最粗且断裂强度最低，说明在该条件下臭氧对竹纤维的处理效果最为明显，但由于臭氧流量因素所选水平整体偏高，故该水平下对竹纤维的处理效果并不理想，而在50%水平时，臭氧处理所得竹纤维较细且断裂强度最高。再次，pH值因素对竹纤维断裂强度的影响也不容忽视：在碱性条件下处理，竹纤维的断裂强度值最高，对竹纤维的作用最小，因为碱性环境不利于氧化反应的进行。pH值因素对竹纤维细度的影响较小，相对来说，在酸性条件下竹纤维细化效果稍好。最后，处理时间因素对纤维细度和断裂强度都没有太大影响：随处理时间的延长，竹纤维稍有细化趋势，断裂强度稍有下降。

臭氧氧化漂白通常在酸性条件下进行，pH对木质素脱除、碳水化合物降解、漂后纤维白度都有影响。pH较低，臭氧比较稳定，脱木素选择性好，但pH不能太低，否则对纤维损伤很大。多项指标均表明：在pH为酸性条件下，臭氧与木质素发生反应，使纤维细度降低、白度提高、强度下降，但剩余木质素含量下降不明显。

总之，与竹纤维原样细度指标3.27tex相比，臭氧正交实验处理后所有纤维的细度均得到了明显改善。仅从纤维细度指标方面考虑，其臭氧处理参数的最优水平为$A_1B_3C_3D_1$（这里选B_3不如B_1经济）；从断裂强度指标考虑，其臭氧处理各因素对纤维强度均无显著影响。

通过以上分析可知，气态臭氧处理竹纤维的过程中，各影响因素对纤维综合性能的影响程度为：臭氧流量 > 纤维带液率 > 处理时间 > pH。通过上述臭氧处理正交实验结果的分析，得到臭氧处理参数最优水平。在臭氧流量方面，当流量为12g/h时，臭氧处理的竹纤维在白度、细度、残胶率和木质素去除等方面效果最好，且竹纤维的断裂强度高，可满足纺纱要求；处理时间方面，因臭氧处理时间过长，易导致纤维受损，断裂强度降低，因此选择最短5min处理时间，在保证断裂强度的前提下改善纤维性能；在带液率方面，低带液率下臭氧处理后的纤维明显氧化不足、高带液率下处理的纤维氧化过分，暂且选择75%；在pH方面，当取5时，竹纤维的各项性能较好。由此，臭氧处理正交实验的最优参数初步确定为臭氧流量12g/h、处理时间5min、pH5、纤维带液率75%。

2. 臭氧处理的单因素实验

通过正交实验了解到臭氧处理过程中各影响因素对竹纤维性能的影响大小，即臭氧流量 > 纤维带液率 > 处理时间 > pH，并初步确定了各影响因素的最佳取值范围。以下单因素实验将依次对臭氧流量、带液率两个影响较大因素做进一步的细化分析，以确定其最佳取值点。

（1）臭氧流量因素的影响分析。基于臭氧处理正交实验中，臭氧流量因素在1水平时处理后的竹纤维综合性能较好的结论，即只需较低的臭氧流量，竹纤维的白度与细度均得到改善，因此在该实验中进一步降低臭氧流量，以寻求更好效果。实验中共考虑6g/h、9g/h、12g/h、15g/h四个水平。

表4-14　不同臭氧流量下的纤维各项性能的测试结果

臭氧流量（g/h）	纤维细度（tex）	纤维强度（cN/dtex）	纤维白度（%）	剩余木质素含量（%）
6	2.38	3.10	51.03	5.20
9	2.30	3.03	54.70	4.27
12	2.27	3.04	54.22	3.86
15	2.75	2.83	52.96	3.75

注　纤维带液率75%，处理时间5min，pH为5。

从表4-14中可知：随着臭氧流量的增加，纤维强度、剩余木质素含量下降，纤维细度先下降，但过度氧化后，纤维平均细度反而增大，纤维的白度在流量过大时反而下降，故整体来看，在臭氧流量为9g/h到12g/h时纤维的综合性能较好。因此在后续实验中选择9g/h为最佳臭氧流量值。

（2）纤维带液率因素的影响分析。依据臭氧处理正交实验中带液率因素对竹纤维各项性能的影响，本实验共考虑了40%～80%间的5个水平。

由表4-15可知：随着纤维带液率的增加，纤维细度、断裂强度稍有下降，剩余的木质素含量呈明显下降，纤维白度整体呈上升的趋势，并在带液率70%时白度最佳，因此在后续实验中选择70%为最佳带液率值。

因此，综合得出臭氧处理的优化方案为臭氧流量9g/h，处理时间5min，纤维带液率70%，pH5，该方案对应样品的最优性能指标分别为纤维细度2.29tex，纤维白度53.65%，纤维强度为3.06cN/dtex，剩余木质素含量为4.26%（见表4-15）。

表4-15　不同带液率下的纤维各项性能的测试结果

纤维带液率（%）	纤维细度（tex）	纤维强度（cN/dtex）	纤维白度（%）	剩余木质素含量（%）
40	2.37	3.14	50.72	5.73
50	2.36	3.16	51.55	5.37
60	2.34	3.15	52.13	4.89
70	2.29	3.06	53.65	4.26
80	2.33	3.08	51.20	3.44

注　臭氧流量9g/h，处理时间5min，pH为5。

四、三种化学氧化法的比较

通过次氯酸钠处理、双氧水处理及臭氧处理结果中纤维各项性能指标的最大值、最小值、平均值以及三种氧化方法各自最优方案处理后的性能指标值比较研究，可以对三种氧化方法的作用效果有更加明确的认识，为后续的进一步研究和工业化生产提供依据。

1．剩余木质素含量

三种化学氧化法处理后纤维剩余木质素含量的比较见表4-16。

表4-16　三种化学氧化法处理后的纤维剩余木质素含量比较　（单位：%）

指标	次氯酸钠处理	双氧水处理	臭氧处理
最大值	7.55	7.46	5.66
最小值	0.75	4.49	3.16
平均值	4.50	6.03	4.46
最优值	3.38	6.01	4.26

对比结果可见，次氯酸钠处理对木质素去除效果最明显，臭氧处理次之，而双氧水对木质素的去除效果最弱，说明木质素的去除程度同氧化剂的氧化能力有着密切联系，氧化能力强，木质素脱除效果明显。

2．纤维细度

三种化学氧化法处理后的纤维细度比较见表4-17。

由表4-17可知，对细度来说，臭氧处理的细化作用非常显著，无论是最大值、最小值，还是平均值都远优于次氯酸钠处理和双氧水的处理结果。而次氯酸钠处理纤维细度虽然变化幅度大，但纤维的平均细度仍偏粗，说明次氯酸钠处理条件的剧烈程度和最终作用效果关系密切，只有当处理条件比较剧烈时，才能达到较好的处理效果。双氧水处理对竹纤维的细化作用较小。

表4–17 三种化学氧化法处理后的纤维细度比较 （单位：tex）

指标	次氯酸钠处理	双氧水处理	臭氧处理
最大值	3.19	2.92	2.75
最小值	2.14	2.42	2.02
平均值	2.51	2.68	2.41
最优值	2.26	2.55	2.29

3. 纤维白度

三种化学氧化法处理后的纤维白度比较见表4–18。

表4–18 三种化学氧化法处理后的纤维白度比较 （单位：%）

指标	次氯酸钠处理	双氧水处理	臭氧处理
最大值	62.14	58.51	56.55
最小值	45.27	49.36	51.63
平均值	52.60	53.08	53.17
最优值	53.07	55.53	53.65

通过表4–18结果可以看出，三种氧化处理方法对于纤维白度都有不同程度的提高，其中次氯酸钠处理白度变化幅度最大，双氧水居中，而臭氧处理虽然变化幅度不大，但是白度值普遍较高，因此臭氧处理在低流量、短时间内就可以达到较满意的效果。双氧水处理法对纤维白度的提高比较有利。

4. 纤维强度

三种化学氧化法处理后的纤维断裂强度比较见表4–19。

表4–19 三种化学氧化法处理后的纤维断裂强度比较 （单位：cN/dtex）

指标	次氯酸钠处理	双氧水处理	臭氧处理
最大值	3.52	3.60	3.64
最小值	1.22	2.33	2.69
平均值	2.55	2.94	3.10
最优值	2.50	3.18	3.06

双氧水处理、臭氧处理对纤维强度的保护作用较好，次氯酸钠处理对纤维强度损伤严重。因此次氯酸钠处理时一定要严格把握处理条件，如果处理条件缓和，纤维细度和白度

达不到要求，处理条件剧烈又导致纤维强度损伤严重，因此次氯酸钠氧化法在工业化生产中很难得到严格的控制。

由各处理方法的结果比较来看，次氯酸钠处理方法的条件剧烈，不易控制，且无法使纤维各项性能指标均达到较好的水平，环境污染问题无法解决；双氧水处理后纤维白度高，但木质素去除效果不太理想；臭氧处理后各项性能指标均达到较好的水平，且作用时间短、效率高，工业化前景好。

本章小结

三种化学方法相比较，次氯酸钠氧化法处理剧烈，容易导致纤维强度损伤严重，在工业化生产中很难控制；双氧水对竹纤维的漂白效果突出；强氧化剂臭氧对木质素脱除非常有利。

（1）次氯酸钠处理对竹纤维中木质素去除有明显改善，纤维有所细化，但对纤维强度损伤严重，而且漂后纤维容易泛黄。最优工艺条件为次氯酸钠浓度2g/L，温度45℃，时间80min，pH为9；该工艺条件下纤维性能指标为：纤维细度2.26tex，纤维白度53.07%，纤维强度2.50cN/dtex，剩余木质素含量3.38%。

（2）双氧水氧化处理后，木质素脱除效果不佳，但纤维白度好。最优工艺条件为：双氧水浓度15g/L，温度90℃，时间90 min，双氧水稳定剂3#，pH10～10.5。此条件下纤维性能指标为：纤维细度2.55tex，纤维白度55.53%，纤维强度3.18cN/dtex，剩余木质素含量6.01%。

（3）臭氧处理竹纤维的优化方案为臭氧流量9g/h，处理时间5min，pH5，带液率70%；对应的纤维性能指标为：纤维细度2.29tex，纤维白度53.65%，纤维强度为3.06cN/dtex，剩余木质素含量4.26%。无论从环保角度，还是竹纤维性能改善方面，臭氧处理有着良好的发展前景。

本章参考文献

[1] 武文祥. 天然竹纤维的木质素去除及其细化研究［D］. 北京：北京服装学院，2007.

[2] 张鑫，刘岩. 木质纤维原料预处理技术的研究进展［J］. 纤维素科学与技术，2005，13（2）：54-58.

[3] 王菊生，孙铠. 染整工艺原理［M］. 第二册，北京：中国纺织出版社，2001：

130–156.

[4] 徐谷仓．染整织物短流程前处理［M］．北京：中国纺织出版社，1999：22–25，213–219.

[5] Qu LJ．Study on Alkali–H2O2 One Bath Process of Degumming and Bleaching of Hemp［C］．Shanghai：The Institute 83rd World Conference．2004.

[6] Hubrec J．The handbook of environmental chemistry．5，Water pollution：B．Quality and treatment of drinking water［M］．Springer Science & Business Media，1995：23–65.

[7] Roncero M B，Colom J F，Vidal T．Cellulose protection during ozone treatments of oxygen delignified Eucalyptus kraft pulp［J］．Carbohydrate polymers，2003，51（3）：243–254.

[8] 胡文容，裴海燕．超声强化 O_3 氧化能力的机理探讨［J］．工业用水与废水，2001，32（5）：1–3.

[9] Kim B S，Fujita H，Sakai Y，et al．Catalytic ozonation of an organophosphorus pesticide using microporous silicate and its effect on total toxicity reduction［J］．Water science and technology，2002，46（4–5）：35–41.

[10] Duguet J P，Bernazeau F．Removal of Atrazine by O–zone And Ozone–Hydrogen Peroxide Combinations in Surface［J］．Water Res，1990，24（1）：45–50.

[11] 孙健，陈砺，王红林．纤维素原料生产燃料酒精的技术现状［J］．可再生能源，2003，21（6）：5–9.

[12] 陈秀玉，王海毅．前途光明的臭氧漂白技术［J］．纸和造纸，2004，17（3）：33–35.

[13] 周学飞．麦草木素在臭氧处理中的作用行为［J］．纤维素科学与技术，2005，12（4）：35–37.

[14] 杨玲．硫酸盐竹浆臭氧漂白的研究［J］．中国造纸，2005，24（5）：8–10.

[15] Lall R，Mutharasan R，Shah Y T，et al．Decolorization of the dye，reactive blue 19，using ozonation，ultrasound，and ultrasound–enhanced ozonation［J］．Water environment research，2003：171–179.

[16] Prabaharan M，Rao J V．Combined desizing，scouring and bleaching of cotton using ozone［J］．INDIAN JOURNAL OF FIBRE AND TEXTILE RESEARCH，2003，28（4）：437–443.

[17] Sargunamani D，Selvakumar N．Effects of ozone treatment on the properties of raw and degummed tassar silk fabrics［J］．Journal of applied polymer science，2007，104（1）：147–155.

[18] Michael M N，El–Zaher N A，Ibrahim S F．Investigation into surface modification of

some polymeric fabrics by UV/ozone treatment [J]. Polymer-Plastics Technology and Engineering, 2004, 43 (4): 1041-1052.

[19] Pezelj E, Čunko R. Influence of ozone as an air pollutant on polypropylene fiber properties [J]. Textile Research Journal, 2000, 70 (6): 537-541.

[20] Salam M A. Effect of hydrogen peroxide bleaching onto sulfonated jute fiber [J]. Journal of applied polymer science, 2006, 99 (6): 3603-3607.

[21] 徐蓓蕾，吴丽莉，俞建勇. 黄麻漂白工艺探索 [J]. 山东纺织科技，2006，47 (5)：8-10.

[22] 刘秋娟. 麦草NaOH-O2/NaOH两段蒸煮及其无氯漂白 [J]. 中华纸业，2000，21 (8)：48-49.

[23] 曹邦威. 纸浆漂白的最新研究动态 [J]. 纸和造纸，2002 (6)：5-7.

[24] 王菊生，孙铠. 染整工艺原理第二册 [M]. 北京：中国纺织出版社，2001：130-156.

[25] Chang H M. CHAPTER 19 - Chemistry of Lignin Biodegradation [M]. Biosynthesis and biodegradation of wood components. Elsevier Inc., 1985: 123-165.

[26] Lemeune S, Jameel H, Chang H M, et al. Effects of ozone and chlorine dioxide on the chemical properties of cellulose fibers [J]. Journal of applied polymer science, 2004, 93 (3): 1219-1223.

[27] 宁丰收，陈嘉翔. 广东青篱竹硫酸盐法和烧碱—蒽醌法制浆机理的研究 [J]. 中国造纸，1987，6 (5)：18-22.

[28] 王健. 棉秆制浆漂白新工艺及其机理的研究 [D]. 广州：华南理工大学，2006：49-55.

[29] 史惠祥，赵伟荣，汪大翚. 偶氮染料的臭氧氧化机理研究 [J]. 浙江大学学报：工学版，2003，37 (6)：734-738.

[30] 刘华，张美云. 臭氧漂白化学的现状 [J]. 西南造纸，2001，5：16-17.

[31] 谢建荣. 常见臭氧测定方法概述 [J]. 福建分析测试，1999 (2)：1045-1053.

[32] 崔九思，张敦仪，高晓霞，等. 用三种碘化钾方法标定臭氧浓度的对比研究 [J]. 卫生研究，1983，1：100-108.

[33] 宋钰，蔡士林. 水中臭氧的快速测定 [J]. 卫生研究，2000，29 (3)：151-153.

[34] 天津大学物理化学教研室编. 物理化学（第四版）[M]. 北京：高等教育出版社，2001，12：195-263.

[35] 石淑兰，何福望. 制浆造纸分析与检测 [M]. 北京：中国轻工业出版社，2003：44-51，292-296，328-331.

[36] 胡冰. 超声强化臭氧化处理水中有机磷农药的研究 [D]. 大庆：大庆石油学院，2006：16-30.

第五章　竹纤维物理结构与化学组成

第一节　概述

作为一种新型纺织纤维，人们对竹纤维的结构与性能特点一直没有一个完整的科学概念，造成纺织领域多年来真假竹纤维的争议。

本节研究用竹纤维取自湖南的一种丛生竹。为了更清晰地了解竹纤维的特点，采集了黄麻纤维（湖南湘南麻业有限公司提供）、苎麻纤维（湖南华升株洲雪松有限公司提供）、亚麻纤维（哈尔滨亚麻集团提供）作为对比样品。

由于采用的竹纤维（工艺纤维）、亚麻和苎麻为成品纤维，而黄麻纤维属于半成品，为了研究准确，先对几种纤维进行预处理。对亚麻和苎麻用四氯化碳浸泡脱油（竹纤维未添加任何油剂故未做处理），而对黄麻纤维进行漂白处理，采用氯漂工艺：有效氯浓度2g/L、45℃、80min。经处理后，四种纤维的形态规格参数见表5-1。

表5-1　四种纤维的规格参数

项目	竹纤维	黄麻纤维	苎麻纤维	亚麻纤维
细度（tex）	2.30	3.01	0.66	0.30
长度（mm）	70 ~ 90*	60 ~ 100*	70 ~ 120**	10 ~ 25**

注　*竹纤维、黄麻纤维为工艺纤维长度；**苎麻纤维、亚麻纤维为单纤维长度。

第二节　竹纤维的物理结构研究

一、研究方法

1. *光学显微镜*

仪器：上海光学仪器六厂的XSP-BM9型光学显微镜。

测试条件：放大倍数400倍。

2. *扫描电子显微镜*

仪器：日本电子公司生产的JSM-6360LV型扫描电子显微镜（SEM）。

测试条件：放电电压10kV、5kV；放大倍数1400～3000倍。

试样处理方法：试样用包埋剂（如石蜡）包埋，经表面抛光后镀金。（a）常温下切断；（b）超低温下冷冻脆断（–150～–170℃）。

3. 透射电子显微镜

仪器：日本电子公司生产的JEM–1010型透射电子显微镜（TEM）。

测试条件：放电电压80kV；放大倍数3.0×10^4倍。

试样处理方法：因竹纤维中含有木质素，而木质素上带有双键，因而采用正染色法进行染色观察。首先用18%的NaOH浸泡经丙酮萃取过的纤维试样6h使之膨胀，蒸馏水清洗三次，去除碱液，之后试样经0.05mol/L磷酸缓冲液（pH = 7.2）配制的2.5%戊二醛及1%的O_sO_4（0.05mol/L磷酸缓冲液配制）双固定，乙醇梯度脱水，环氧树脂Epon812包埋，超薄切片，醋酸双氧铀和柠檬酸铅双重染色，待用。

4. 分子结构（聚合度）

测试方法：参考国标GB5888–86苎麻纤维聚合度测定方法——黏度法进行测试。

测试条件：毛细管直径φ=0.5～0.6mm，溶液浓度为0.3g/100ml。毛细管标定参数为$0.08735S^{-1}$，测定温度为（25 ± 0.02）℃。

评价指标：特性黏度η、依据Mark–Houwink方程$[\eta]=KM^{\alpha}$计算各纤维的聚合度。

5. 聚集态结构

（1）结晶结构。

仪器：日本理学电机公司（Rigaku）生产的D/max–B型X射线衍射仪。

测试条件：粉末法，电压40kV，电流50mA，Cu–Ka靶（λ=1.5418埃），扫描速度5°/min，2θ扫描范围为5°～40°。

评价指标：结晶度$Xc=Ic/I\times100\%$。其中：Ic为结晶峰面积；I为衍射曲线下的总面积。

（2）取向结构。

仪器：中国南京仪器厂生产的XPL–1型偏光显微镜。

测试条件：色那蒙补偿法；钠光波长589.3nm；放大倍数400倍。

评价指标：双折射率。

二、竹纤维的结构特点分析

1. 宏观形态结构

图5–1是四种纤维在扫描电镜下的横截面形态照片。其中，竹单根纤维的横截面呈近似圆形，中腔极小，电镜下可看到竹纤维横截面呈层数不等的多层次结构；黄麻单纤维的截面中腔较圆、较大，能很明显地与竹纤维相区别；苎麻纤维的截面为腰圆形，中腔压扁，壁上有裂纹；亚麻纤维的横截面为规则的多边形，中腔小；苎麻、亚麻纤维已呈单纤

维状态。中腔与裂纹有利于提高纤维的干爽舒适性，但中腔过大会降低纤维的力学性能，特别是断裂伸长率。

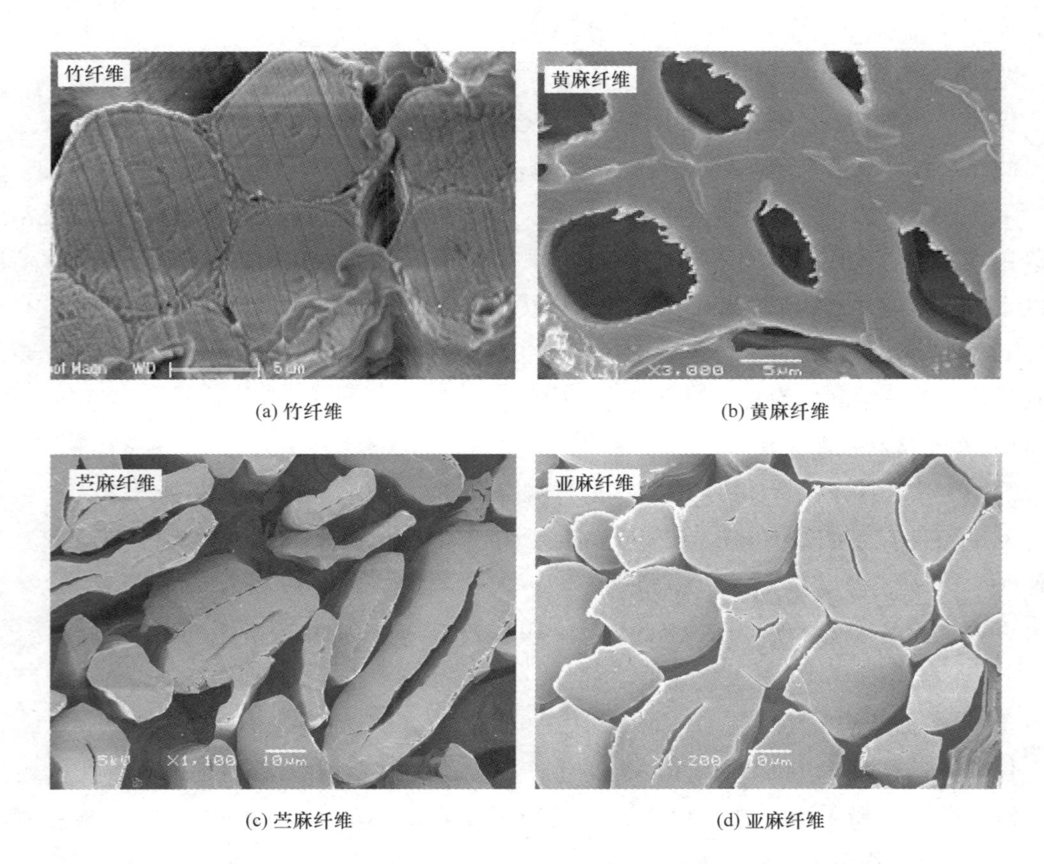

(a) 竹纤维　　(b) 黄麻纤维

(c) 苎麻纤维　　(d) 亚麻纤维

图5-1　竹纤维、黄麻纤维、苎麻纤维和亚麻纤维电镜下的横截面形态照片

竹纤维、亚麻纤维在超低温下冷冻脆断后的断口形态照片见图5-2、图5-3。

由图5-2显示竹纤维横截面沿纤维圆周方向呈厚度极小的薄片状，从内向外构成螺旋状的层状结构，中间较多的小空隙将利于纤维的吸湿放湿性，这也是竹纤维夏天穿着凉爽的主要原因。亚麻的断裂呈阶梯层状，断面上各层结构较致密，中腔极小。

图5-3的纵向抽拔照片中，从断口形态看，竹纤维有巨原纤的抽拔，说明原纤间结合力较弱；而亚麻断口较平整，说明原纤间结合较强，抽拔时易造成原纤断裂。通过测量，竹纤维的巨原纤为0.2 μm左右。

图5-4、图5-8～图5-10分别是四种纤维的纵向形态。从图5-4可以看出：竹束纤维大多由10～20根左右单纤维粘结而成，在单纤维上未见竹节，竹纤维表面呈高低起伏不平整的粗糙外观（见图5-6），似树皮状，而且在束纤维表面还残留有胶质、有些束纤维表层附着着少量薄壁细胞（见图5-5），随着脱胶程度的加剧，其表面杂质会逐渐减少。在图5-7的竹单纤维纵向光镜照片中可观察到竹纤维的中腔，由于中腔较小，且在脱胶过程中

不可避免地发生溶胀现象，使得中腔断断续续，因此竹纤维横截面上很难观察到中腔的存在。竹纤维很小的中腔有利于对水分产生虹吸现象；黄麻单纤维纵向也没有麻节，表面较粗糙；而苎麻和亚麻纤维的纵向有很明显的麻节，纤维表面较光滑。可见竹纤维与其他韧皮类纤维间存在着很大不同。

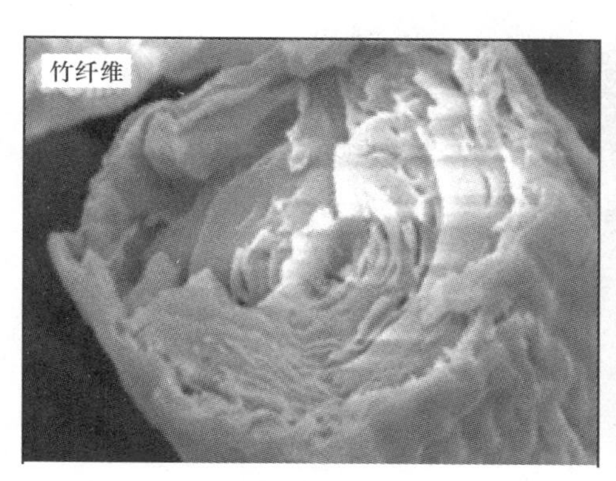

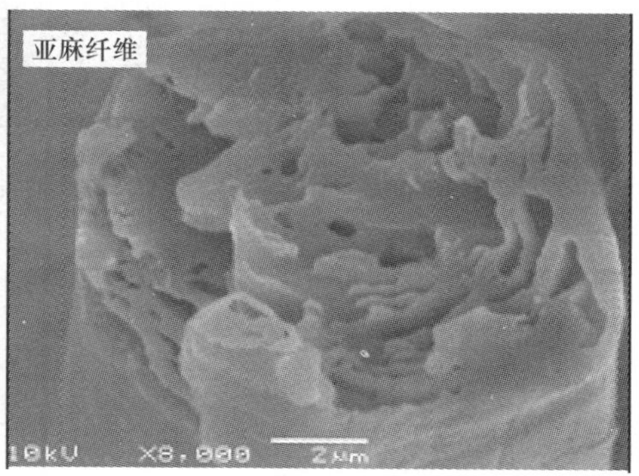

图5-2 竹纤维（左）、亚麻纤维（右）冷冻脆断横向断口特征

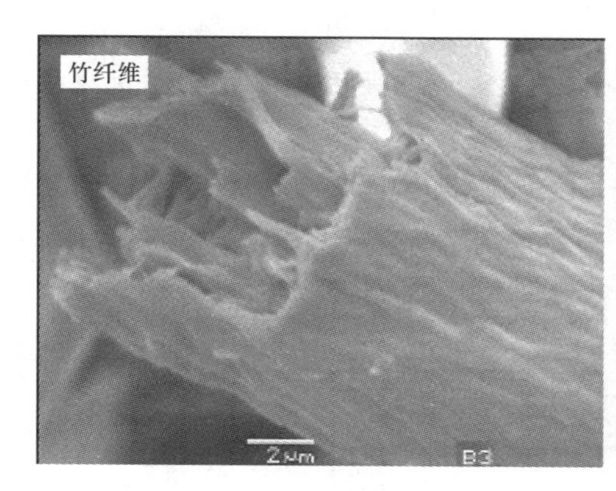

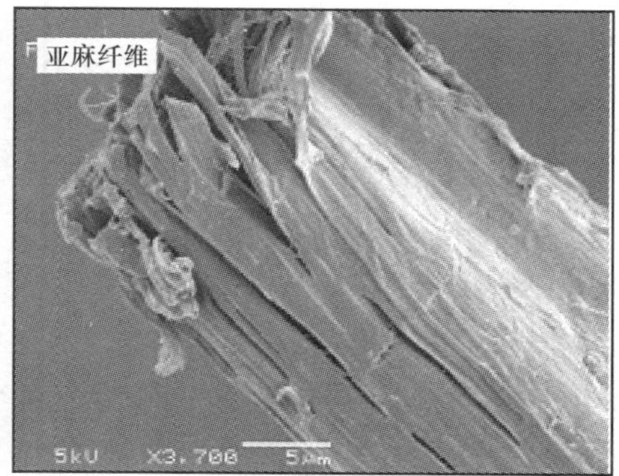

图5-3 竹纤维（左）、亚麻纤维（右）纵向冷冻抽拔照片

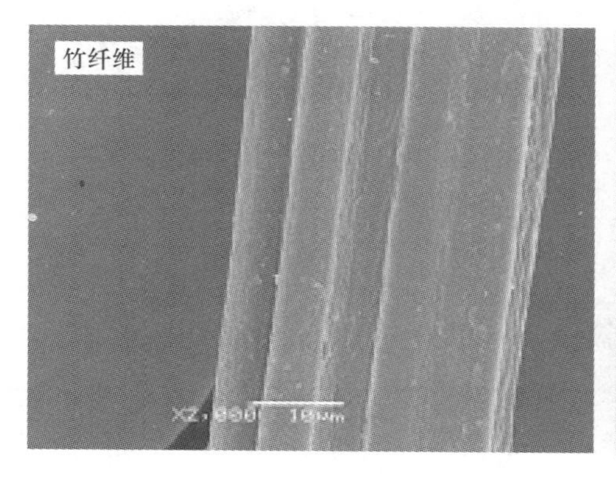

图5-4 竹束纤维纵向形态

图5-5 竹束纤维表面附着的薄壁细胞

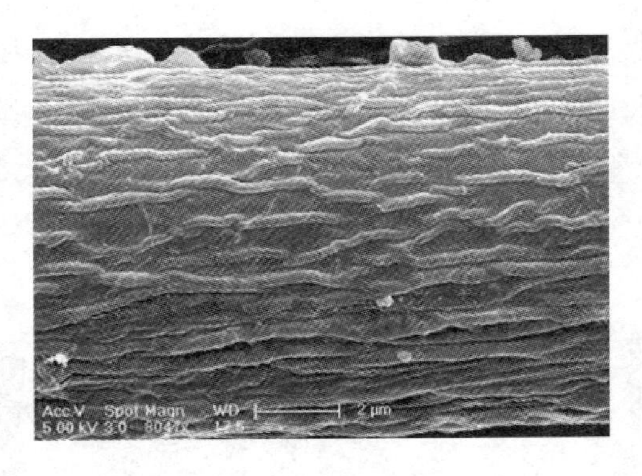

图5-6　竹单纤维纵向表面形貌特征

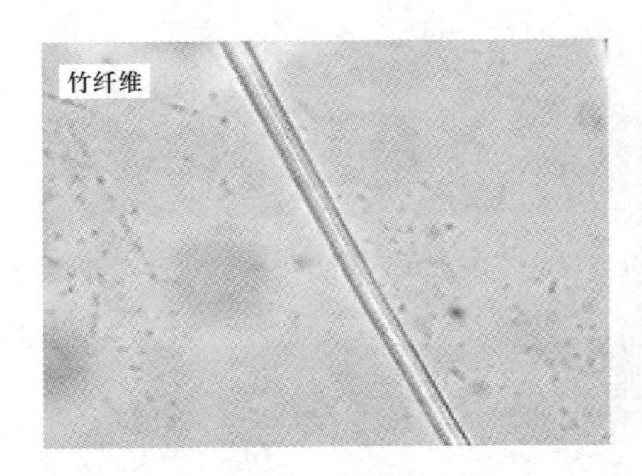

图5-7　竹单纤维纵向光镜照片

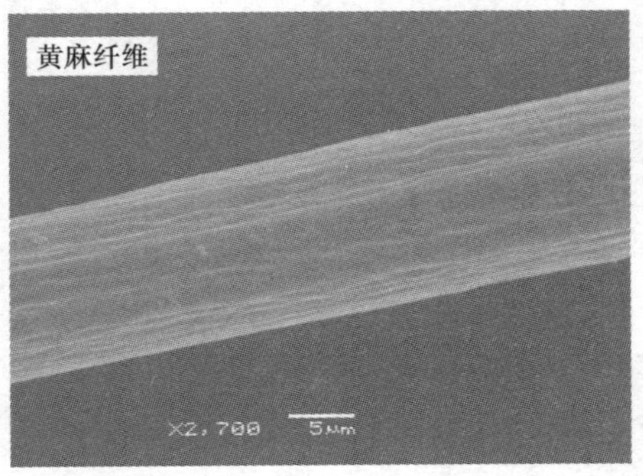

图5-8　黄麻纤维纵向形态

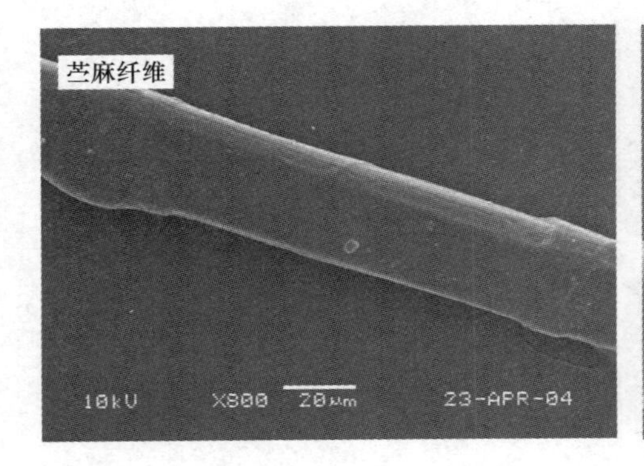

图5-9　苎麻纤维纵向形态

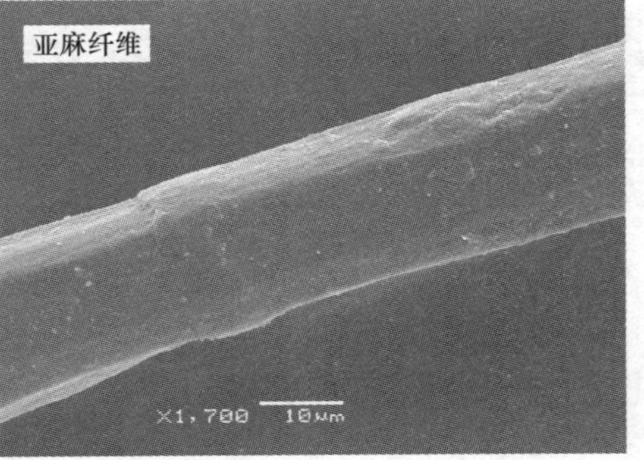

图5-10　亚麻纤维纵向形态

2. *微细结构*

竹纤维微观结构层次如图5-11、图5-12所示。从TEM透射电镜照片可以看出，与其他植物纤维一样，竹纤维从内至外，由中腔L、内膜层IS、次生层S（$S_1 \sim S_6$）、初生层PW、表皮层C所组成，大多数的竹纤维中腔很小0.5～1.5 μm，初生层也很薄0.1～0.2 μm，溶胀过程中破裂，次生层为纤维主要结构，壁厚3～6 μm，整根纤维溶胀后为8～16 μm。

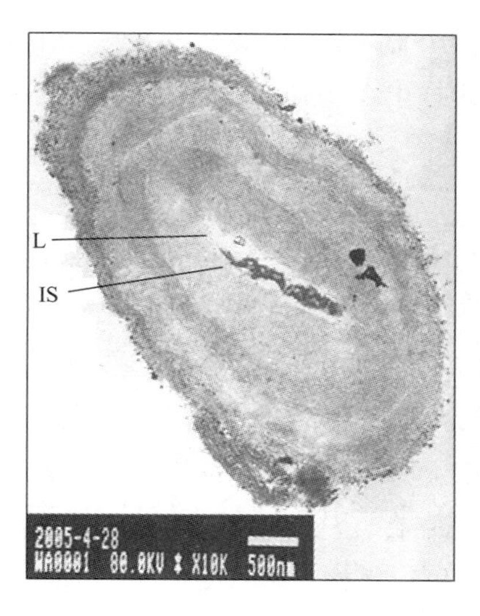

(1×10⁴倍)

图5-11　竹纤维全貌横向TEM照片
L—中腔　IS—内膜层

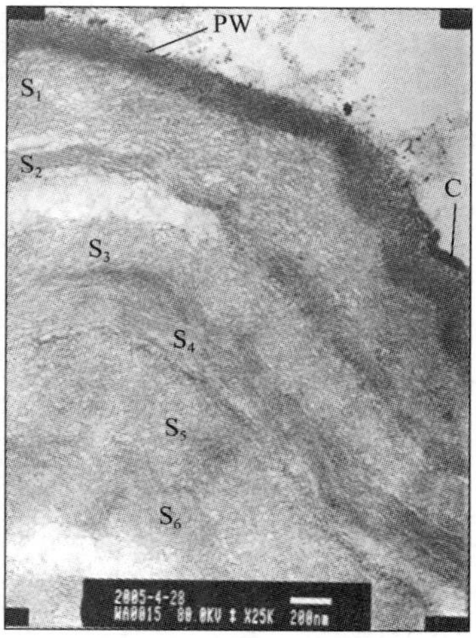

(2.5×10⁴倍)

图5-12　竹纤维局部横向TEM照片
S（S_1 ~ S_6）—次生层　PW—初生层
C—表皮层

除初生层和中腔外，竹纤维的次生层有着独特之处（见图5-12），它由5 ~ 7层颜色深浅不同的次生层所组成（S_1 ~ S_6），深色层、浅色层相间，由于疏密不同，因此颜色深浅不同；同时深层窄（0.1 ~ 0.2 μm）、浅层宽（0.4 ~ 0.5 μm），宽窄顺序交替排列，仔细观察各层中的原纤倾斜方向不同，这是竹纤维所特有的多层次结构特点。而亚麻、苎麻、棉纤维的次生壁均为简单的三层结构。

3. **分子链结构——聚合度**

表5-2　几种纤维的特性黏度及聚合度测试结果

指标	竹纤维	黄麻纤维	亚麻纤维	苎麻纤维	棉纤维
特性黏度［η］（ml/g）	623	768	1757	1185	2057
聚合度［DP］	891	1123	2801	2004	3334

纤维素聚合度数值由于测定方法的不同而有较大差别，但同一方法的测试结果可做相对比较。从表5-2可以看出，竹纤维素的聚合度较低，与黄麻接近，但远低于亚麻、苎麻纤维素的聚合度，也低于棉纤维素的聚合度。纤维素大分子聚合度的高低与其生长环境有关，在纤维素大分子的聚合过程中，某些非纤维素物质如木质素的大量存在，必然会产生严重的干扰作用；反之，纤维素聚合度越低，原材料中需要更多的木质素进行粘连。由于单纤维宏观形态的长宽比与其大分子聚合度之间有着密切的相关性，聚合度越高，纤维长宽比越大，这在纤维的宏观形态尺寸上得到验证。竹材的单纤维长度仅为2mm左右，长宽

比为120～150，而亚麻和苎麻纤维的长宽比在1000以上，由此也可推断竹纤维的聚合度较低，黄麻纤维同理。同时在红外光谱图上也表现出在1032～1158cm^{-1}之间的一系列纤维素特征簇峰的峰强度很弱。

4. 聚集态结构

（1）结晶结构。广角X衍射测试结果可获得纤维内部结晶区的晶型、结晶度的大小、晶区尺寸等信息，也可间接推测纤维的强力、模量、密度、染色性等性能。

由下一节研究结果可知（见表5-5），竹纤维、黄麻和亚麻等纤维中除纤维素外都含有一定比例的半纤维素和木质素（苎麻纤维素含量达95%以上，半纤维素含量小于5%；棉花半纤维素含量1.5%、纤维素含量达97%以上），因此可以说它们都是天然聚合物的有机复合体，且半纤维素和木质素以无定形状态存在，从而对纤维素的X射线衍射曲线的测试均有一定程度的影响，故在此所计算的结晶度应属相对结晶度。

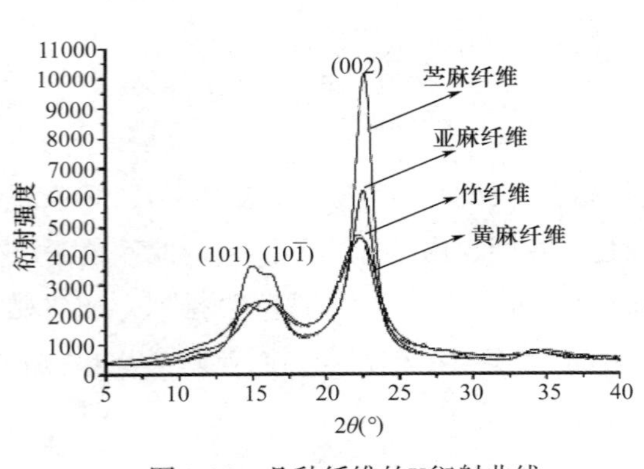

图5-13 几种纤维的X衍射曲线

从图5-13及表5-3几种纤维的X射线衍射结果可以看出，亚麻呈现出典型的天然纤维素纤维结晶峰形态，在2θ为14°、16°、22°位置上均出现三个衍射峰，22°位置上的衍射峰强度最高，是典型的纤维素Ⅰ型结晶，其晶型与棉、苎麻完全相同。表5-3中黏胶纤维在12°、20°、22°的位置上有三个衍射峰，是典型的纤维素Ⅱ型结晶。而竹纤维与黄麻纤维仅在15°～16°和22°位置上出现两个衍射峰，其中在15°～16°位置上的衍射峰其半峰宽变宽，且位于14°～16°之间，不同于黏胶的纤维素Ⅱ型结晶，也不完全等同于棉、麻的纤维素Ⅰ型结晶，与木材的X射线衍射曲线相同。据报道，各种植物原料的天然纤维素均为纤维素Ⅰ型结晶（除海囊藻属外），且经分峰得到在14°～16°之间的该衍射峰是14°、16°两个衍射峰的重叠，正是由于竹纤维和黄麻纤维中半纤维素与木质素无定形胶质含量较高，造成（$10\bar{1}$）与（101）两个晶面的衍射峰重叠；从18°左右波谷处的无定形区衍射强度也可推测其将造成14°、16°两个衍射峰的重叠，因此，竹纤维与黄麻纤维中的纤维素仍为纤维素Ⅰ型结晶。这种两个峰形的X射线衍射曲线图正是木质纤维素原料的特征曲线。另外，在X射线衍射中，晶面间距可以反映晶粒形状和尺寸，从表5-3中的晶面间距数值可以看出，竹纤维和黄麻纤维中结晶纤维素的晶粒具有与亚麻、苎麻纤维晶粒相似的形状，但晶粒尺寸有增大的趋势。

表5-3　几种纤维的X射线衍射结果

纤维	晶面	2θ位置（°）	晶面间距d（nm）	结晶度（%）
竹纤维	（101）	—	—	52.5
	（10$\bar{1}$）	15.58	5.683	
	（002）	22.19	4.003	
黄麻纤维	（101）	—	—	53.8
	（10$\bar{1}$）	16.26	5.445	
	（002）	22.39	3.968	
亚麻纤维	（101）	14.57	6.075	67.4
	（10$\bar{1}$）	16.50	5.370	
	（002）	21.26	4.177	
苎麻纤维	（101）	15.00	5.902	72.0
	（10$\bar{1}$）	16.50	5.368	
	（002）	22.80	3.897	
棉纤维	（101）	14.80	5.981	64.4
	（10$\bar{1}$）	16.30	5.434	
	（002）	22.70	3.914	
黏胶纤维	（101）	12.17	7.558	31.6
	（10$\bar{1}$）	20.32	4.288	
	（002）	21.83	4.130	

几种纤维的结晶度计算结果列于表5-3中，其中竹纤维的结晶度与黄麻接近，低于亚麻、棉纤维，几种纤维中苎麻的结晶度最高。竹纤维结晶度低，是目前纺织用天然纤维素纤维中最低的，这有两个原因：其一，在竹材生长过程中，由于大量木质素等胶质的存在，干扰了纤维素结晶结构的形成；其二，在测试过程中，竹纤维与黄麻纤维中还残留15%～20%的半纤维素和木质素，对测试结果产生了一定影响，由于很难完全去除非纤维素物质，且不使纤维素的原始结晶状态受到破坏，故在此得到的竹纤维结晶度是天然纤维中多种混合物的相对结晶度。根据结晶度的计算值可以推测几种纤维在密度、吸湿性、染色性、热性能、力学性能等方面将存在一定差异。

（2）取向结构。取向度是大分子排列方向与纤维轴向符合的程度，取向度高，则纤维的拉伸强度高，伸长能力小。表5-4给出了4种纤维的双折射率，可以反映出纤维的取向度，即双折射率值越大，取向度越高。从表中发现，竹纤维的取向度很高，甚至高于苎麻、亚麻纤维。取向度将影响到单纤维的强伸度，竹纤维取向度高，推测它的断裂强度一定很高。当然对于竹纤维和黄麻两种工艺纤维来说，其强伸度大小还受到单纤维间胶质作用力的影响。

表5-4　几种纤维的双折射率测试结果

指标	竹纤维	黄麻纤维	亚麻纤维	苎麻纤维
双折射率（Δn）	0.0765	0.0461	0.0505	0.0622

第三节　竹纤维的化学组成研究

一、研究方法

方法：参考国标GB 5889—86苎麻化学成分定量分析方法进行测试。

药品：草酸铵、氢氧化钠、硫酸、氯化钡等。

测试条件：纤维样品剪碎（长度不超过2mm）后，在105～110℃下烘干。草酸铵溶液浓度为5g/l，氢氧化钠溶液浓度为20g/l，纤维样品在72%的硫酸溶液8～15℃浸泡24h。

仪器：瑞士生产的av300型固体核磁共振波谱仪。

测试条件：采样次数NS：1200～4235；循环延迟时间D1：5.000sec；旋转转数Sr：6.0kHz；检测核NUC1：C^{13}；共振频率SFO1：75.4752958MHz。

二、竹纤维的化学组成分析

1. 化学成分定量分析

表5-5　几种纤维的化学成分定量测试结果　（单位：%）

化学成分	竹纤维	黄麻纤维	苎麻纤维	亚麻纤维
水溶物含量	3.16	3.06	1.60	3.74
果胶含量	0.37	1.72	0.11	1.81
半纤维素含量	12.49	13.53	2.21	8.26
木质素含量	4.51	7.30	0.62	1.87
纤维素含量	79.47	74.39	95.46	84.32

注　在此灰分含量未计入。

表5-5结果表明：通过脱胶或半脱胶处理，四种纤维的主要成分——纤维素已达到70%以上，竹纤维接近80%，苎麻达到95%以上。非纤维素物质中，半纤维素与木质素占主要成分，除苎麻外其他纤维仍高达10%～20%，这两种物质的存在，特别是木质素含量越高，对纤维结构和性能造成的影响越大。胶质中果胶、水溶物以及灰分物质所占比例很

低，对纤维性能影响较小。

竹纤维与其他三种纤维相比，纤维素含量近80%，但木质素含量和半纤维素含量仍高于亚麻与苎麻，稍低于黄麻。其中木质素是造成纤维粗硬、颜色发黄的重要原因，且木质素具有很强的耐碱性，很难脱除，因此竹纤维制备过程中木质素的脱除是关键，但木质素过分脱除又会使束纤维解体，所以要适当把握。

2. 傅里叶变换红外光谱分析

红外光谱图中的特征吸收峰可判断纤维中主要成分的化学键类型，以此推断各成分是否存在，并进行纤维间同类物质的比较。根据红外光谱图5-14，将几种纤维红外光谱的主要特征峰归属列于表5-6中，并与棉、黏胶等典型纤维素纤维做比较。

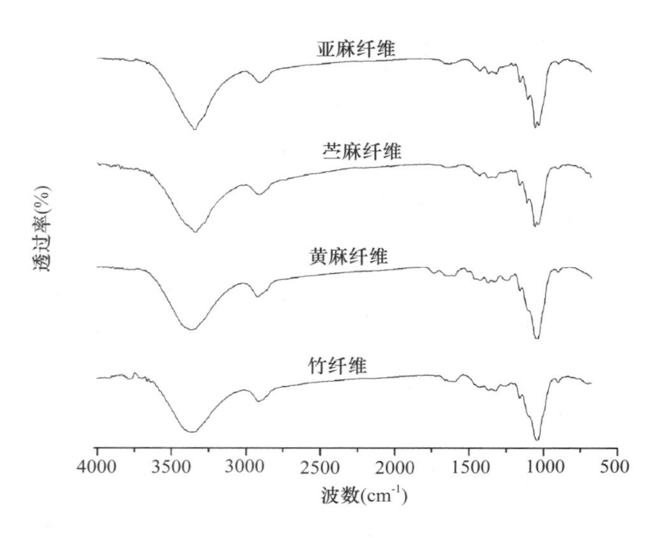

图5-14　几种纤维的红外光谱图

在红外光谱图5-14中，几种纤维在官能团区3340cm^{-1}附近的-OH伸缩振动峰清晰可见，而指纹区在1050cm^{-1}附近的纤维素特征簇峰中，亚麻、苎麻、棉纤维清晰明确，竹纤维和黄麻纤维在此处的特征吸收峰却很弱。另有文献表明，木质素的特征基团吸收峰主要在1500～1750cm^{-1}范围内（除了在1640cm^{-1}附近处为水的吸收峰），从图5-14中可以看出，竹纤维和黄麻纤维在1500～1750cm^{-1}范围内明显存在木质素特征基团吸收峰。

由表5-6几种纤维的红外光谱峰归属发现，竹纤维与黄麻纤维的特征峰相似，与典型的亚麻、棉、黏胶纤维素纤维的特征峰相比，主要有两处差异。一是在1600cm^{-1}附近的木质素芳香环骨架基团振动，证明竹纤维中木质素的存在。二是在1032～1158cm^{-1}之间的一系列纤维素特征簇峰中，竹纤维、黄麻纤维在1106cm^{-1}及1055cm^{-1}处的特征峰强度均很弱，与黏胶纤维相似，这可能与竹纤维的聚合度较低有一定关系，或者竹纤维在C-O-C链上存在缺陷、不完整。另外，黄麻纤维在1736cm^{-1}处比竹纤维多了一个木质素非共轭羰基振动，说明黄麻纤维比竹纤维中的木质素含量更高，且木质素的类型不完全相同。

3. 固体核磁共振波谱分析

碳原子是纤维素大分子的骨架，^{13}C核磁共振谱对于分子结构特征极为敏感，结构上的微小变化就能引起^{13}C-NMR谱化学位移值的明显差别。从图5-15、表5-7固体核磁共振谱图及化学位移可以看出，几种纤维的1-4甙键葡萄糖环上六个碳原子的波峰位置基本相同，因而纤维素大分子主链是相同的，只是苎麻、亚麻纤维的整体化学位移值比竹纤维、

表5-6　几种纤维的红外光谱峰归属

波数（cm^{-1}）						归属
竹纤维	黄麻纤维	亚麻纤维	苎麻纤维	棉纤维	黏胶纤维	
3351.24	3368.90	3342.79	3344.23	3339.87	3375.62	O–H伸缩振动
2918.42	2921.21	2902.66	2903.00	2917.32	2918.09	C–H伸缩振动
1639.22	1640.05	1640.78	1649.87	1625.13	1648.91	H–O–H伸缩振动（吸附水）
1427.09	1424.11	1426.89	1429.46	1427.29	—	C–H弯曲振动
1322.72	1322.95	1316.51	1316.66	1316.56	1370.02	O–H弯曲振动
1160.28	1158.23	1158.52	1161.34	1159.41	1156.29	
—	—	1106.16	1106.25	1107.58	—	环状C–O–C不对称伸缩振动
—	—	1055.37	1057.29	1055.88	—	环状C–O–C对称伸缩振动
1038.98	1037.32	1032.61	1034.94	1032.99	1026.48	
1600.25	1596.80	—	—	—	—	木质素芳香环骨架基团振动
—	1736.30	—	—	—	—	木质素非共轭羰基振动

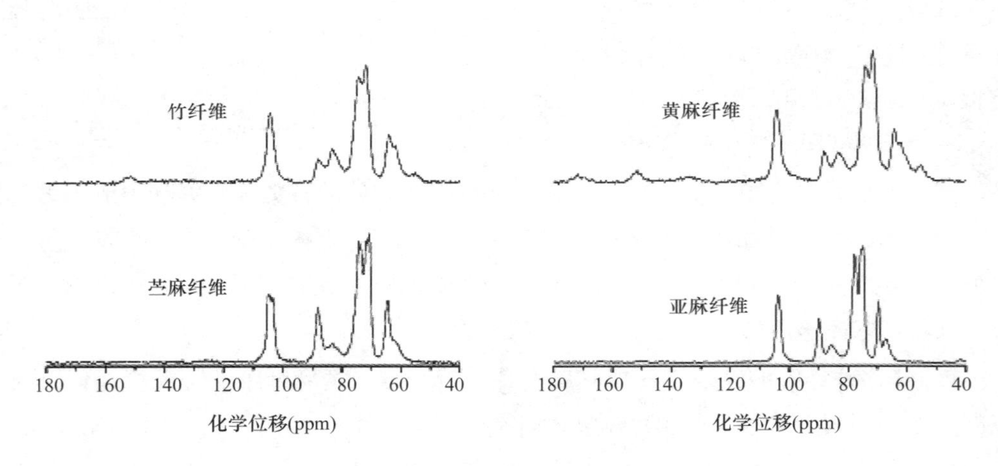

图5-15　几种纤维的^{13}C核磁共振谱图

黄麻纤维向高场移动1.1 ~ 1.2 ppm，这或许是因为苎麻、亚麻纤维的分子间作用力比较强，结晶度、聚合度较高的结果。但是竹纤维与黄麻纤维在C_1的共振谱图与棉、苎麻有所不同，Atallh认为棉、麻具有弱的二重峰（C_1），从图5-15中可以看出，苎麻纤维具有弱的二重峰，而竹纤维、黄麻纤维仅有一重峰，这是两类纤维间共振谱图的不同。此外在C_4、C_6位置上峰裂分的形状与亚麻、苎麻有较大的不同，亚麻、苎麻在89.2（89.1）ppm、65.4（65.3）ppm位置处的峰强度高，在84.3（84.0）ppm、62.7（62.8）ppm位置处的峰强度低，而竹纤维、黄麻纤维两位置处的峰强度均衡。核磁共振谱图上峰裂分的情况与纤维素所处的环境状态有关。竹纤维、黄麻纤维在葡萄糖C_2、C_3、C_5化学位移处只有两个峰出现，也可能受纤维聚合度较低的影响。

另外，竹纤维在化学位移为55ppm及151ppm附近的两个小峰，说明纤维中木质素的存在，但竹纤维在化学位移为130～180ppm之间的木质素特征峰明显要比黄麻纤维少，说明竹纤维比黄麻纤维中的木质素含量低，这与红外光谱测试结果是一致的。

表5-7 几种纤维^{13}C核磁共振谱化学位移

化学位移（ppm）					化学结构归属
竹纤维	黄麻纤维	亚麻纤维	苎麻纤维	棉纤维	
104.3	104.2	105.3	106.0 105.4 104.4	105.9 104.2	葡萄糖C_1
61.9、64.1	62.4、64.1	62.7、65.4	62.8、65.3	66.3、66.2	葡萄糖C_6
74.4 — 71.7	74.1 — 71.6	75.1 72.3 71.7	75.2 72.6 71.7	76.2 75.4 73.5 72.5	葡萄糖 C_2、C_3、C_5
83.3、88.2	83.3、88.3	84.3、89.2	84.0、89.1	89.9、89.4	葡萄糖C_4
55.0 151.7	55.3 151.7 171.8	— — —	— — —	— — —	愈创木基中甲氧基的碳（OCH_3）

本章小结

通过对竹纤维物理结构与化学组成的研究，得到如下结论。

（1）竹纤维结构研究表明：竹单纤维细胞壁具有多层次结构特征，这是与其他麻类纤维的显著差异之一。竹纤维在宏观形态结构上其横截面近似圆形、厚壁小中腔，纵向呈粗糙的树皮纹，没有竹节。通过广角*X*衍射测试得出竹纤维素为纤维素Ⅰ晶型，结晶度为52.5%。通过黏度法测定竹纤维聚合度较低。

（2）竹纤维的化学成分中仍残留一部分半纤维素和木质素成分，对纤维的结构和性能造成了一定影响。通过红外光谱和核磁共振谱分析竹纤维的化学特征基团，也证明其纤维中木质素的存在。

由竹纤维的结构与组成特点，可以预测竹纤维在性能上的优缺点。

本章参考文献

[1] Yueping W，Ge W，Haitao C，et al. Structures of natural bamboo fiber for textiles [J]. Textile research journal，2009，80（4）：334-343.

[2] 王越平. 纺织竹纤维的制备与结构性能研究 [D]. 成都：四川大学，2009.

[3] 韩晓俊. 竹种的筛选与纤维性能研究 [D]. 北京：北京服装学院,2007.

[4] 沈伟，管云林. 非生物标本的电镜样品制备及超切技术的探讨 [J]. 天津医科大学学报，2002，8（4）：411-412.

[5] 张美珍. 聚合物研究方法 [M]. 北京：中国轻工业出版社，2000：6-20，73-78，93-95.

[6] Roy T K G，Mukhopadhyay A K，Mukherjee A K. Surface features of jute fiber using scanning electron microscopy [J]. Textile Research Journal，1984，54（12）：874-882.

[7] Rahman M M M. 35—A Study by Scanning Electron Microscopy of The Progressive Delignification of Jute Fibers [J]. Journal of the Textile Institute，1978，69（9）：287-293.

[8] Mukhopadhyay A K，Bandyopadhyay S K，Mukhopadhyay U. Jute Fibers Under Scanning Electron Microscopy [J]. Textile Research Journal，1985，55（12）：733-737.

[9] Parameswaran N，Liese W. On the fine structure of bamboo fibres [J]. Wood Science and Technology，1976，10（4）：231-246.

[10] 张镁，吴红霞，马长华，等. 彩棉纤维的形态结构，超微结构和主要化学组成 [J]. 印染，2002，28（6）：1-5.

[11] 郭京波，陶宗娅，罗学刚. 竹木质素的红外光谱与 X 射线光电子能谱分析 [J]. 化学学报，2005，63（16）：1536-1540.

[12] 刘颖. 竹材纤维的性能研究与脱胶工艺探讨 [D]. 北京：北京服装学院，2005，20-22.

[13] 李坚. 木材波谱学 [M]. 北京：科学出版社，2003：14-30，140-164，240-243.

[14] Newman R H，Hemmingson J A，Suckling I D. Carbon-13 nuclear magnetic resonance studies of kraft pulping [J]. Holzforschung-International Journal of the Biology，Chemistry，Physics and Technology of Wood，1993，47（3）：234-238.

[15] 王越平，高绪珊，邢声远，等. 几种天然纤维素纤维的结构研究 [J]. 棉纺织技术，2006，34（2）：72-76.

[16] Kreze T，Malej S．Structural characteristics of new and conventional regenerated cellulosic fibers［J］．Textile Research Journal，2003，73（8）：675–684.

[17] Chen H L，Yokochi A．X - ray diffractometric study of microcrystallite size of naturally colored cottons［J］．Journal of applied polymer science，2000，76（9）：1466–1471.

[18] 王越平．竹材应用的新领域——纺织工业［J］．世界竹藤通讯，2005，3（4）：21–26.

[19] 蒋挺大．木质素［M］．北京：化学工业出版社，2003：42–43.

[20] 王越平，高绪珊，耿丽，等．天然竹纤维与几种纤维素纤维的性能测试与比较［J］．针织工业，2005（11）：58–60.

[21] Mortan W E，Hearle L W．Physical properties of textile fibers［M］．Amsterdam：Elsevier，1975.

[22] 胡恒亮，穆祥祺．X射线衍射技术［M］．北京：中国纺织出版社，1988：23.

[23] 邬义明．植物纤维化学［M］．北京：中国轻工业出版社，2000：56–57.

[24] 卢涌泉．实用红外光谱分析［M］．北京：电子工业出版社，1989.

[25] 汪昆华．聚合物近代仪器分析［M］．北京：清华大学出版社，1991：144

[26] 于伟东，储才元．纺织物理［M］．上海：东华大学出版社，2001：5.

[27] 高洁，汤烈贵．纤维素科学［M］．北京：科学出版社，1996，10.

[28] 罗伯特D，布朗．最新仪器分析技术全书［M］．北京：化学工业出版社，1990.

第六章　竹纤维力学性能

第一节　单根纤维微观力学性能研究背景

纺织纤维的力学性能研究，属于纺织材料学中的经典篇章，早在20世纪20～30年代就有大量学者开展此方面的研究，相关研究已经成熟。但是竹纤维、黄麻、洋麻纤维由于纤维极短，在细胞水平上的单根纤维力学特性研究却甚为少见。然而竹单根纤维作为竹材的主要承载结构单元，纤维细胞壁力学性能的好坏对竹材宏观力学性能有着重要的影响。同时，单纤维作为束纤维（工艺纤维）的基本组成单元，对纺织用工艺纤维的力学性能也有着直接的影响。植物短纤维力学性能的测试技术是当今材料科学领域的一项前沿技术，竹单纤维微观力学性能的研究可以将竹材力学研究从宏观提升到细胞水平，实现从微观层面研究竹材宏观力学特性及其影响因素的目标，也可以满足在竹纤维基高分子复合材料研究中，对作为增强相的竹纤维力学性能数据的迫切需求，更是纺织竹纤维应用的基础性研究。

一、单根纤维拉伸技术研究进展

为了探讨纺织纤维力学性能对纺织品最终性能的影响，在纺织领域单纤维力学性质及其测试方法的研究较其他领域更早开始。单纤维拉伸技术是在细胞水平上对单个细胞或纤维直接进行轴向拉伸的技术，可以得到细胞壁的纵向弹性模量、抗拉强度、伸长率等重要指标。单纤维可通过化学方法、物理方法或化学物理相结合方法软化分离制得。竹单根纤维、黄麻单根纤维尺寸非常微小，长度一般在1～4mm，直径在10～30μm。由于纤维短、细，在对其进行力学性能测量时要解决纤维夹紧、定向以及纤维横截面面积的测量工作都是非常困难的。加之植物纤维单纤维间性能离散很大，必须测试足够数量的试样才能得到有代表性的数据。此外，拉伸测试过程中温湿度变化、单纤维的拉伸隔距、拉伸速度、加载方式也是影响其力学性质的重要因素。所以超短纤维力学性能的测量一直被认为是一项国际性的难题。

（1）国外研究进展。20世纪中期国外开始了单根植物短纤维基本力学性能的研究，经过了半个世纪的发展，研究的深度和广度有了极大的提高，尤其在20世纪80年代与生物力学相结合，突破传统材料力学的藩篱，从植物发育生物学的视角重新审视材料的细胞力学性能。随着环境扫描电镜、拉曼光谱、激光扫描共聚焦显微镜、纳米压痕技术、微CT（Micro-CT）、双轴电子断层扫描技术（Dual-axis Electron Tomography）以及分子力学模拟技术（Molecular Mechanics Simulation）等在材料研究中的应用，竹纤维及其他纤维的力学研究也逐渐开始。

植物短纤维力学性能的测试方法主要有以下几种：单根纤维直接拉伸测试细胞壁物质的弹性模量和纵向抗拉强度，微切片拉伸测试弹性模量和纵向抗拉强度，零距拉伸测试抗拉强度和细胞之间的结合力，弯曲实验测试抗弯弹性模量，纳米压痕方法测试壁层的弹性模量和硬度。其中，单根纤维直接拉伸实验是获得材料应力与应变关系最直接的实验方法，拉伸时试样受到均匀应力，实验结果容易解释。尽管某些植物纤维尺寸微小，测量困难，但单根纤维直接拉伸仍然是材料细胞力学研究领域使用最早、报道最多的方法之一。

Jayne是这项工作最早的开创人之一，但他当时的研究并未引起太多的关注。直到20世纪70年代，Page领导的科研团队在*Nature*上发表了单根针叶材管胞力学特性及其测定方法的报道，该技术才引起了制浆造纸领域和木材科学界的极大兴趣。

单纤维的制备一般采用过氧化氢和冰醋酸按一定比例制得离析液，软化分离得到单纤维。该方法被Jayne、Page、Elsa、Groom等众多研究者使用，其特点是方法简单、制备快速、单纤维分离彻底。

从纤维夹持方式来说，单纤维的微拉伸技术经历了三个重要阶段，即机械夹持方式、胶粘法夹持方式、球槽型夹持方式。前两种方法都存在明显的不足，随着技术的不断改进，球槽型夹持方式的产生成功解决了纤维夹持过程中应力集中、纤维取向性差等关键问题，被认为是目前单根纤维夹持的最佳方式。

创始人Jayne在1959年采用机械夹持方法将纤维拉断，拉断后纤维的横截面面积通过光学显微镜下拍摄的纤维图像测得。这一方法被后续的研究者使用并改进。在他的研究中发现，所测样品中纤维断裂应力（*UTS*）及弹性模量（*MOE*）都存在很大的变异性。Jayne指出：变异来源不单单是纤维本身尺寸和天然的不均一性，也可能是由拉伸方法及取样过程中操作不当造成的。Hartler等深入的研究表明，机械夹持会引起载荷下纤维的压溃和滑移，更主要的是机械夹持会造成纤维夹持处的应力集中，使得有过半的纤维是在纤维夹持处断裂。Hardacker还认为，夹持处纤维会被压溃，导致所测纤维力值偏小。

胶粘法是对机械夹持法改进产生的一种新的纤维夹持方式。此法先将纤维用胶固定在类似于纸片的某种媒介上，然后再将纸片置于拉伸夹具上进行拉伸。也有些学者尝试着将纤维胶粘在塑料或金属片上。虽然胶粘法是机械夹持法的重大改进，但该法同样面临着很多问题。将纤维胶粘到相应的媒介上相当费力，而且也不易选择合适的胶粘剂，所选胶粘剂既不能渗透入纤维也不能沿着细胞壁流动，却能提供足够的强度使得纤维不滑移或抽拔。Hartler等认为胶粘法很难保证纤维的取向而导致纤维的非正常断裂。因为如果取向不当，纤维容易在夹持处发生扭曲变形和应力集中，使得至少有40%～50%的纤维在夹持处断裂。且Elsa等认为纤维取向不当是导致非典型性载荷—位移曲线的主要原因。因此，必须使纤维在拉伸过程中自由取向。但胶粘法与机械夹持法一样，不能从根本上解决纤维取向问题。

1973年Kersavage对胶粘法进行了重大改进，提出了球槽型夹持方式，即先在纤维两端滴加胶滴，然后再放到球槽型夹具系统中进行拉伸测试，固化后纤维两端的球状胶滴可以在球槽型的开槽中自由旋转。该方法不仅解决了纤维的压溃和滑移问题，而且使单纤维自由取向，保证了纤维的合理取向，减少了拉伸剪切引起的破坏。该系统显著减少了应力集中，降低了纤维在夹持处断裂的概率，获得的纤维力学强度明显大于其他方法得到的数值，具有较高的可靠性。20世纪90年代，激光扫描共聚焦显微镜技术被运用到纤维细胞壁横截面面积的测量，较之前的利用普通光学显微镜测得纤维细胞壁面积和利用扫描电子显微镜测得纤维胞壁面积的测量变得既快速又精确。1995年Mott又在纤维夹具方面做了重要改进，显著提高了测量速度和准确性，使单纤维微拉伸技术在实用性方面迈出了重要的一步。Mott等、Shaler等还将球槽型夹持装置置于环境扫描电子显微镜中，用于观察纤维的断裂机制。Bergert等则在纤维的制备方面做出了重要贡献，首次提出了使用机械剥离手段制备单根木材纤维的技术，避免了化学离析造成的细胞壁组成的变化。采用球槽型夹持方式对纤维进行有效的夹持及激光共聚焦显微镜测量纤维细胞壁横截面面积这两项技术成功解决了纤维定向夹紧和细胞壁测量两个关键性技术难题，代表着当今单纤维微拉伸技术的最高水平。

前人的研究已经取得了很多宝贵的成果。Jayne早在1959年就建立了一个包括10种针叶树种的早晚材单根纤维细胞断裂应力（*UTS*）和弹性模量（*MOE*）在内的数据库。Kersavage则证实了前人关于试样长度的增加会大大降低纤维极限载荷；未木质化纤维比木质化纤维更容易在夹持处断裂；随着湿度的增加，纤维强度降低等设想。Tamolang等测试了17种阔叶材纤维的强度和硬度，并指出测试结果与胞壁面积和微纤丝角高度相关。Groom等测得化学离析的火炬松晚材纤维的弹性模量和最大抗拉强度范围分别为6.55～27.5GPa和410～1422MPa。随着单纤维拉伸技术的不断发展，研究将继续深入，单纤维的纵向抗拉强度、弹性模量、蠕变性能、断裂机制、单纤维拉伸过程中的结构变化以及影响因素等将被进一步揭示。

（2）国内研究进展。与国外的研究进展形成鲜明对比的是，在纺织领域我国对棉花、苎麻、羊毛及各种化学纤维进行了不少有关单纤维力学性能方面的研究，由于这类纤维较长，所以研究起来比较容易。但像竹纤维、黄麻、洋麻等短纤维，对其单根纤维力学性能测试方面的研究工作却迟迟未开展。2008年，国际竹藤中心赴美引进竹木单根纤维力学性能测试技术（包括竹木单纤维无损搬运技术；竹木纤维端头树脂微滴成型技术；竹木纤维端头细胞壁面积的准确、快速测量技术），并开发出了具有自主知识产权的竹木单根纤维力学性能测试系统——高精度短纤维力学性能测试仪（SF-Microtester Ⅰ）。该仪器比国外同类产品更精密，功能也更强大：可以对长度最短为1.2mm的纤维进行拉伸测试（国外同类设备一般要求在2mm以上）；其纤维取向调节装置可以保证纤维长轴方向与加载方向完全一致，避免了加载时纤维取向偏离加载方向导致的拉伸剪切破坏；其配备的微型湿度控制箱，可改变测试环境湿度，具备研究植物纤维水分依赖特性的功能；此外，它还可用于研究植物短纤维的松弛、蠕变等特性，可进行多周期反复加载；用于研究植物纤维拉伸过程的局部变形或断裂机制。总之，单根纤维力学性能测试在国内属开创性课题，本章利用本研究团队研发的此项技术，进行竹单根纤维拉伸力学性能的研究。

二、单纤维力学性能主要影响因素

1. 微纤丝角的影响

纤丝是细胞壁的骨架物质，它的取向影响着纤维的受力变形。已有的研究表明，纤维强度随微纤丝角度减小而提高，微纤丝角在0° 时，纤维强度最大；随着微纤丝角的增大，纤维强度减小，微纤丝角在0° ~10° 的纤维平均强度约为20° ~30° 时的2倍。

对于竹纤维，江泽慧等的研究认为，毛竹细胞壁中微纤丝角从竹青到竹黄略有增大，但绝对值差异不大。余雁的研究也认为竹材中纤维微纤丝角在径向没有稳定的变化规律。竹材各层纤维中微纤丝角均较小，因此推测竹纤维纵向拉伸强度高。

2. 缺陷的影响

纤维的缺陷是影响纤维力学性能的重要因素，甚至决定了纤维的最终破坏强度。纤维的缺陷可以分为两类，一类是纤维自身生长过程中形成的缺陷；另一类是纤维在分离过程中形成的缺陷，如机械损伤、壁层分离、纤丝聚集程度的改变等。研究者很早在对单根纤维细胞进行测试时就发现，具有相似微纤丝角的细胞其力学强度仍存在较大的变异，细胞的破坏通常发生在纹孔、结、皱纹的部位，如果缺陷严重，细胞强度显著降低。

3. 化学组成的影响

从材料学的角度看，可以把细胞壁视为以木质素和半纤维素为基质、纤维素为增强相的复合材料，所以纤维胞壁各化学组分的分布与结合方式、化学组分自身的力学性能都影响着纤维的力学性能。

Duchesne研究了化学组分变化对纤维细胞力学性能的影响，发现纤维素含量高的细胞表面孔隙也较多，当纤维素含量减小时，纤丝的平均聚集尺寸增加，微纤丝排列的更加致密。未脱木素和脱木素细胞的弹性模量相近，但拉伸强度不同。Bergander研究化学成分的弹性常数对细胞力学性能影响时得出：纤维素主要影响了细胞的纵向力学性能；而在横向上半纤维素的作用尤为重要。

4. 含水率的影响

水分是影响纤维细胞力学性能的重要因素，对纤维的强度和弹性模量都会产生影响，尤其是弹性模量。其通过影响细胞的结构以及化学组成的性能最终影响到细胞的力学性能。由于水分对纤维力学性能的影响机理复杂，实验条件亦不好控制，因此，此方面的研究还较少。

除以上影响因素外，纤维聚合度、结晶度等也都是影响纤维力学性能的因素。

本章采用自主研发的单纤维制样、拉伸测试及纤维横截面面积测量技术，从细胞甚至分子水平展开一系列研究，深入了解细胞壁的力学特性及其影响因子。对比研究了不同植物纤维包括竹纤维（2年、4年生不同竹龄的毛竹）、苎麻、洋麻以及芳纶单纤维力学性能，测量指标包括断裂载荷、横截面面积、拉伸强度、弹性模量、断裂伸长率，从细胞水平上了解竹纤维的力学性能；另外，本章还研究了不同测试环境湿度（40%、70%、90%）下竹纤维力学性能对湿度的敏感性。

细胞水平上的单纤维力学性能研究，是生物材料从宏观力学到微观分子力学研究体系中的关键环节，是引导植物生物质材料力学性质走向深入的手段，是把细胞发育过程与生物质材料力学相结合的重要基础。竹单根纤维力学性能的研究为丰富单根纤维细胞尺度的力学研究内容以及纤维的选择性利用提供实验依据，为以纤维为增强体的复合材料的研究和制造，以及纺织行业、制浆造纸行业提供有益指导，为改善产品性能提供科学依据，具有重要的现实和理论意义。

第二节　植物短纤维力学性能研究方法

一、竹单根纤维的微拉伸测试方法与设备

由于竹单根纤维非常短（2mm左右）和细小，竹单根纤维力学性能属于微拉伸力学性能的研究内容。

1. 测试仪器

（1）高精度短纤维力学性能测试仪（SF-Microtester I）。该设备如图6-1所示，由以下几个主要部分组成：①控制箱。控制步进马达、载荷传感器、湿度传感器等与计算机的通信；②垂直数字显微成像系统。用于纤维样品的装载、纤维水平取向调节以及纤维拉伸初始长度的测量；③高精度步进马达和导轨。用于测量纤维的拉伸变形，物理精度0.08μm；④载荷传感器。量程为5N和1N两种，力值精度为满量程的万分之一（0.1mN）；⑤水平数字显微成像系统。用于纤维直径的测量、纤维垂直方向的取向调节、非接触应变测量；⑥植物短纤维专用夹具。特别适宜夹持植物短纤维样品，此夹具为本仪器的核心部件；⑦微型湿度控制箱。用于控制测试环境的湿度，研究含水率对植物纤维力学性能的影

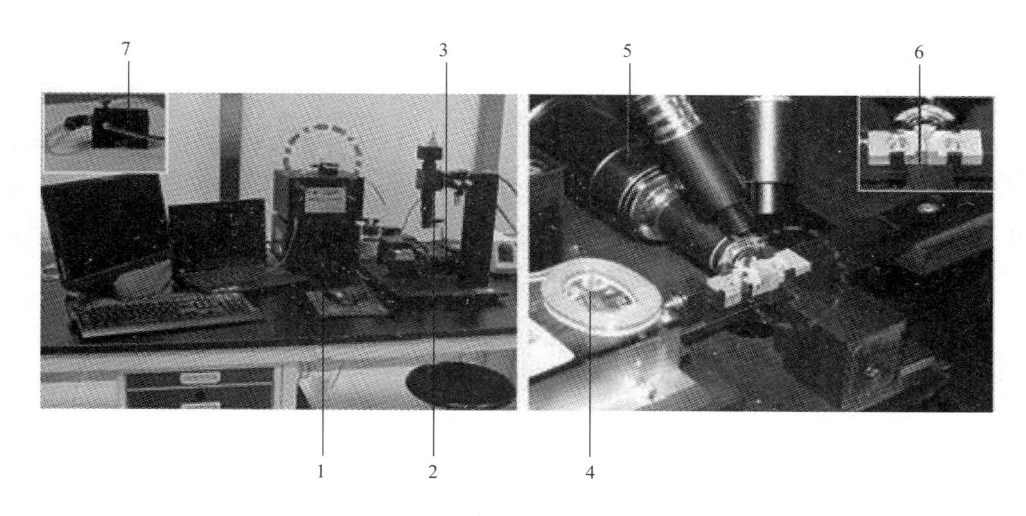

图6-1　植物短纤维力学性能测试仪（SF-Microtester I）

响。相对湿度控制范围为大气湿度到95%之间。

SF-Microtester I具备如下功能：①测量植物短纤维的纵向弹性模量和强度；②研究植物短纤维的松弛、蠕变等特性；③进行多周期反复加载，研究植物纤维的粘弹性；④研究植物纤维力学性能的水分依赖特性；⑤研究植物纤维拉伸过程的局部变形机制。

与国外同类产品相比，该设备具有如下特色：①特制的纤维夹具可允许对最小长度在1.2 mm以上的纤维进行拉伸测试；②配备的水平和垂直两方向显微成像系统可以保证纤维长轴方向与加载方向完全一致；③具备研究植物纤维水分依赖特性的功能。

（2）激光扫描共聚焦显微镜（LSM510Meta Zeiss，德国制造）。激光扫描共聚焦显微镜（Confocal Laser Scanning Microscope，CLSM，简称共聚焦显微镜）是一种用于图像采集及分析的精密仪器，如图6-2，由激光光源、扫描器、荧光显微镜系统、光学装置、计算机图像存储与处理及控制系统构成。激光器发射一定波长的激发光，经过扫描器内的照明孔光栏形成点光源，由物镜聚焦于样品的焦平面上，样品上相应的被照射点受激发而发射出荧光，荧光通过检测孔光栏后，到达检测器并成像于计算机监视屏上。这样由焦平面上样品的每个点的荧光图像组成了一副完整的共聚焦图像，称为光切片。在扫描过程中，某一瞬间只有焦平面上被扫描点聚焦于检测孔光栏并被检测器记录，虽然样品的焦平面上下也会有荧光产生，但来自非焦平面的光线，均被检测

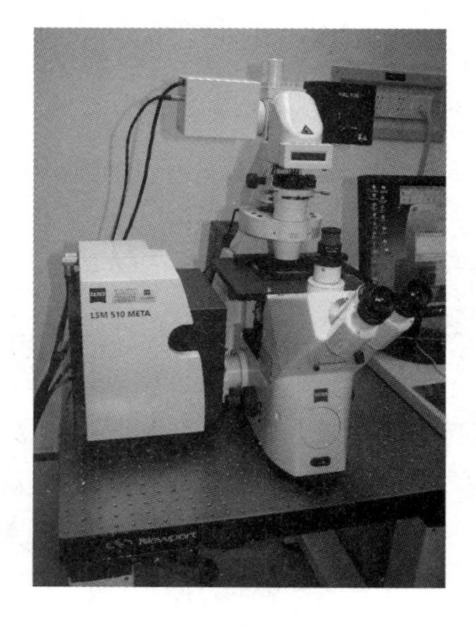

图6-2　激光扫描共聚焦显微镜

孔光栏阻挡，不能形成共聚图像。所以，样品上激光扫描点（聚焦点）与检测孔光栏是共聚的。在共聚焦显微镜载物台上所加装的微量步进马达，可驱动载物台在扫描过程中上下（沿着Z轴）步进移动，以使物镜聚焦于样品的不同层面，获取该层的光学切片，从而得到细胞或组织各个横断面的一系列连续光学切片，即实现了“显微CT”。这些光学切片可用于样品立体结构观察和图像的三维重构。若间歇或连续地扫描样品的某一个横断面（或一条线）并对其荧光进行定位、定性及定量分析，则可实现对样品的实时监测。共聚焦显微镜功能非常强大，在医药、材料科学、化学化工等方面都得到了广泛应用，尤其在生物医学领域，共聚焦显微镜被认为是最先进的荧光成像和细胞分析手段之一。在材料科学领域，主要是应用了其众多功能中的无损伤逐层扫描样品采集二维及三维荧光图像功能。

（3）X射线衍射仪（X'pert pro，Panalytical，USA——美国Panalytical公司生产）。X射线法是指X射线入射到取向的纤维晶体时，纤维晶胞的每个原子均散射X射线，当这些散射线满足相干波的条件时就会在空间某处产生衍射线，研究衍射强度随试样旋转角度变化的曲线，通过曲线拟合和理论计算，就可得到试样的微纤丝角。

采用点聚焦光源，透射衍射模式。入射光路与试样弦面垂直，接收光路与入射光路的夹角为22.4°。主要扫描参数：管电压40kV，管电流40mA，扫描步进0.5°，样品台旋转0～360°。

2. *实验方法及步骤*

（1）纤维离析。将样品劈成火柴棍大小，装入试管，倒入提前配制好的1∶1过氧化氢与冰醋酸混合的离析液，料液比1∶100。将装有样品及离析液的试管放入60℃烘箱中，烘15h左右，样品发白后将样品取出洗涤三次以上，充分洗致溶液呈中性，用玻璃棒轻轻将样品捣成单根纤维。用滴管吸取适量（能在载玻片上均匀覆盖一层即可）纤维置于载玻片上，气干24h以上，充分干燥。

（2）拉伸样品制备。

实体显微镜下用超精细镊子挑取纤维横放在开有宽度1.8 mm（也可用2mm，视纤维长度而定）狭缝的有机玻璃板上（狭缝的两侧上表面提前贴好透明双面胶，以便粘住架在狭缝上的纤维）。整板纤维放好后，透镜下观察（40倍物镜），用镊子挑取完整的单根纤维，舍弃“非单根”纤维或受损纤维。拉伸样品制备如图6-3所示。

纤维粘到有机玻璃板狭缝的两端后，在实体显微镜下用超精细镊子在纤维两端各滴加一个胶滴（所选胶粘剂既不能渗透到纤维中也不能沿着细胞壁流动，但能提供足够的强度使得纤维不滑移或抽出。如为双组分胶，配胶时要保证胶充分混合），然后将纤维放入60℃烘箱内固化24h以上，最后在（22±3）℃温度下冷却24h待测。胶滴大小（直径0.1mm左右）尽量一致且间距尽量保持在0.8mm左右；不同纤维胶合界面会有所不同，滴胶细节上要做适当变化。

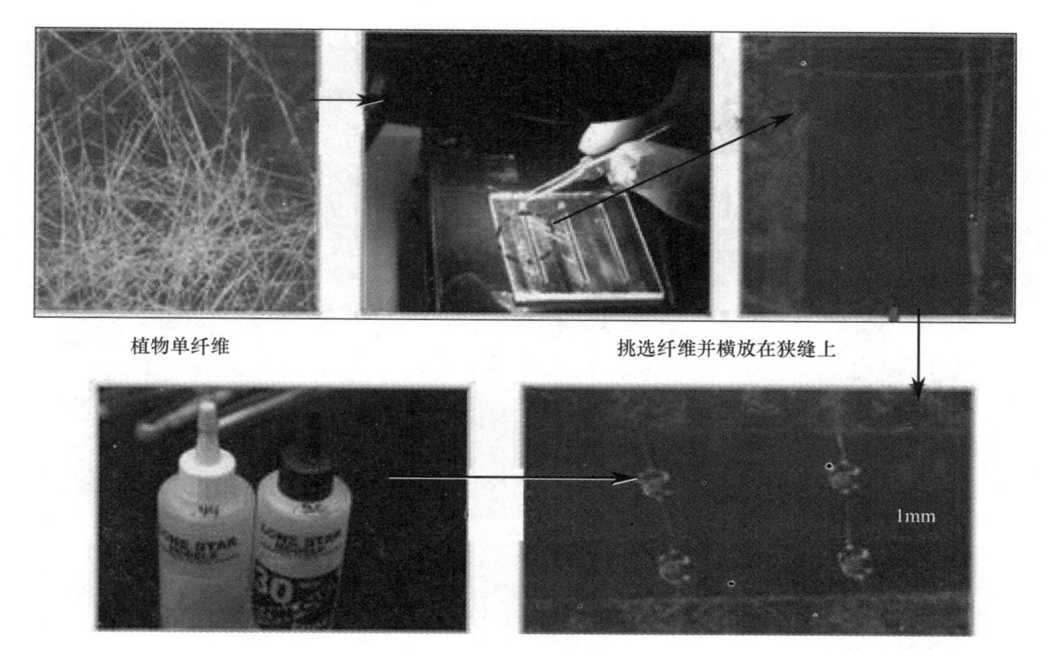

图6-3 拉伸样品制备过程

（3）拉伸强度测试。纤维夹持为球槽型夹持方式，即将两端各滴加一个环氧树脂滴的纤维放置在开有V形微小槽口的特制夹具上。当纤维拉紧时，两端的球形微滴会卡在V形槽口处（图6-4）。

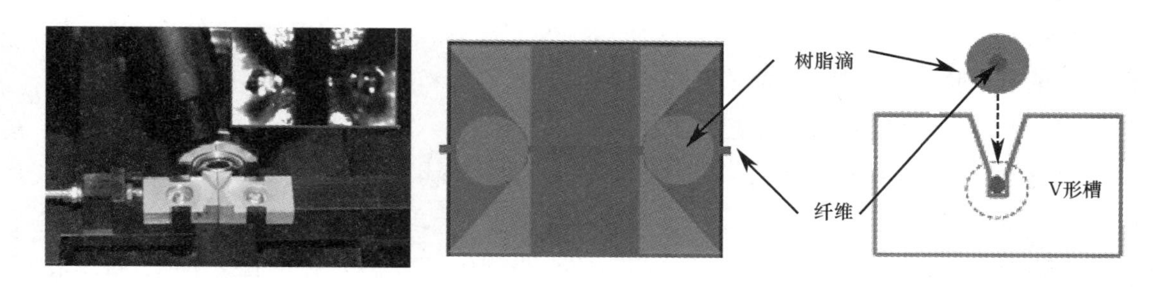

图6-4 夹持方式示意图

拉伸试验测试步骤如下：

载玻片上画好格子（24个左右），编号，粘上透明双面胶，备用。

显微镜下用超精细镊子将两端滴有树脂微球的样品（确保树脂滴已完全固化）小心放置到固定在设备拉伸端部的纤维夹具中。由于试样尺寸微小，加载时纤维的取向容易偏离加载方向，导致拉伸剪切破坏，影响结果的可靠性。因此拉伸前可通过XYZ微调装置对纤维的取向进行调节，保证纤维方向与加载方向一致（图6-5）。

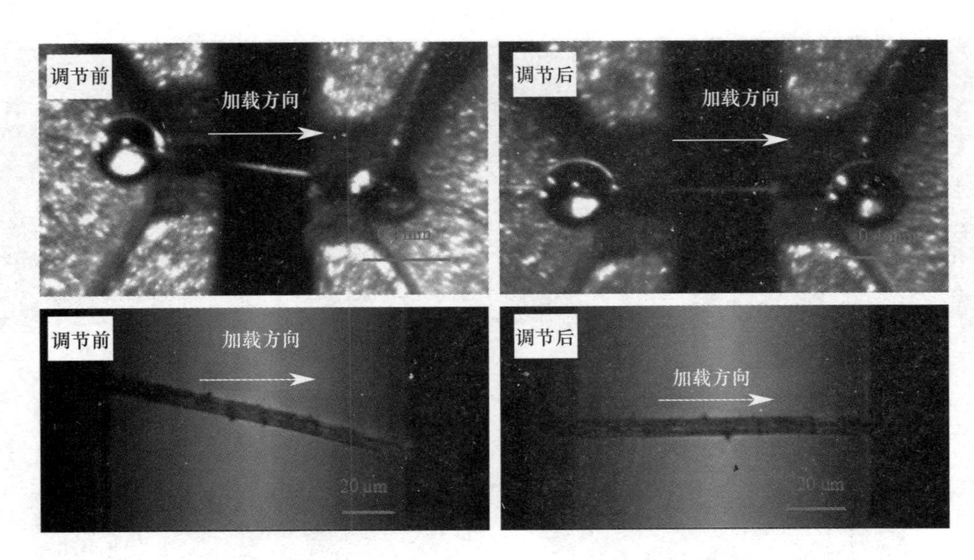

图6-5 纤维拉伸方向的水平（上图）和垂直（下图）调节

拉伸速度设置为0.0008mm/s，测试环境为（28±5）℃，相对湿度（40±5）%。先对纤维进行预拉伸，当载荷在10mN左右时停止，利用仪器配备的显微成像系统记录下纤维的初始长度。再次拉伸时系统自动记录下纤维在整个拉伸过程中的载荷、位移、时间信息。纤维拉断后，需将拉断后纤维对号捡到提前备好的贴有双面胶的载玻片上，以待纤维横截面的面积测量。

（4）纤维横截面面积测量。采用激光扫描共聚焦显微镜，对植物纤维断裂处横截面面积进行测量，具体步骤如下。

在载玻片中央，用记号笔按盖玻片大小画9个格子并编号。在载玻片的背面，用牙签蘸取适量组织胶（n-丁基-2-丙烯酸氰，高粘结性，用于纤维的粘结），在每个格子中央轻轻点上少量组织胶（厚度不要超过样品厚度），备用。

万分之一天平称取0.001g吖啶橙（Acridine Orange，一种荧光色素），配成0.001g/100ml的吖啶橙溶液，备用。

用滴管在一次性培养皿中不同位置滴若干滴上述吖啶橙溶液（在后面操作中，每滴液体中可放一根纤维），再滴加若干滴纯净水。在实体显微镜下用超精细镊子夹取拉断后纤维放入培养皿吖啶橙液滴中染色，时间约4min（视纤维种类而定）。纤维染色后在培养皿纯净水水滴中涮洗两下，取出在实体显微镜下用镊子夹住纤维一头，再用锋利刀片切下断口侧纤维，然后对号放到提前备好的粘有组织胶的载玻片上（让纤维挨着组织胶，确保纤维能被粘住，但不要将整根纤维放到组织胶上。纤维直径较大者会超出激光扫描量程）。载玻片上9个格子全放满纤维后，在其中一侧三个格子的旁边分别滴上一小滴加拿大树脂滴（Canada Balsam），随后轻轻盖上盖玻片，倾斜放置，使树脂滴慢慢流到另一侧样品（树脂滴要尽量少，刚好能覆盖住样品即可）。最后，在实体显微镜下用记号笔在纤维样品的背面将纤维圈出来（扫描时样品朝下放置，且扫描过程中要用到油镜，如在样品正面标记，油会将记号溶解），以便在激光共聚焦显微镜下迅速找到样品，并对用吖啶橙溶液染色、加拿大树脂封片的拉断纤维样品进行扫描，测得纤维横截面面积。

选择488nm激光谱线；激光功率20W；放大倍数10倍物镜、60倍油镜。

在激光共聚焦显微镜下，对纤维进行断层扫描。通过面扫获得样品的三维图像，图6–6为竹纤维的三维切面图；通过线扫获得样品的横截面图像，见图6–7，采用系统自带的图像测量软件测量样品横截面面积及周长（见图6–8）；通过调节XYZ坐标的位置，可对样品的任意点、面进行观察，凭借该功能，亦可以实现对纤维断裂模式的研究。

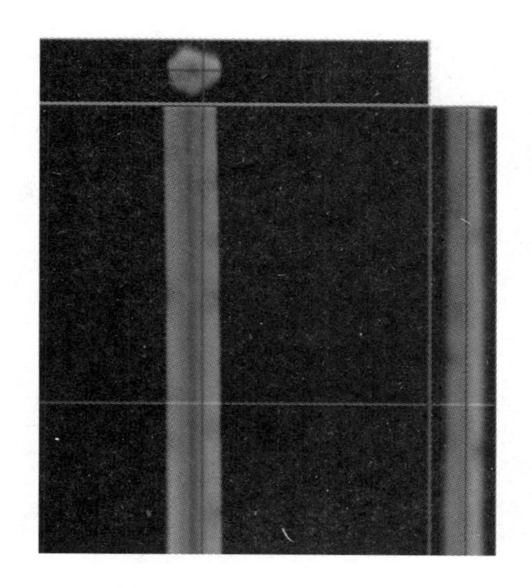

图6–6　竹纤维三维切面图

图6–7　竹纤维横截面

图6–8　竹纤维横截面面积典型测量图

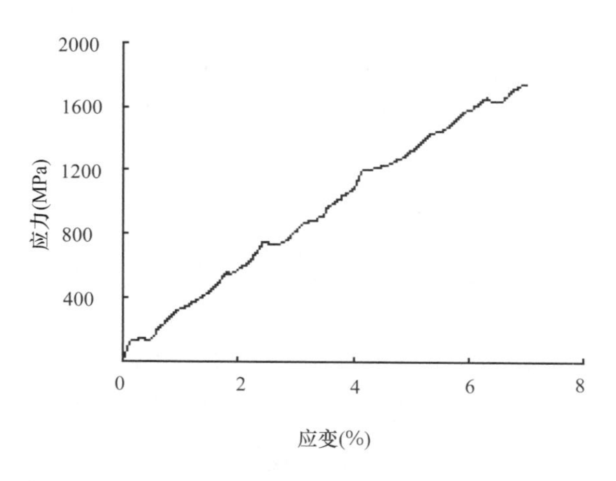

图6–9　典型的应力—应变曲线

（5）结果计算及相关指标。在纤维的拉伸过程中，仪器自动记录下纤维的载荷—位移曲线，根据纤维横截面面积，把位移载荷曲线转化为应力应变曲线（某点载荷除以该点的纤维横截面面积为应力，该点的位移除以纤维初始拉伸长度为应变），测得纤维的纵向抗拉强度、伸长率及弹性模量。图6–9为（毛）竹纤维典型的应力—应变曲线。

断裂强度σ_W（MPa）：

$$\sigma_W = \frac{P_{max}}{S}$$

式中，P_{max}为最大断裂载荷；S为横截面积，由激光共聚焦显微镜测得。

断裂伸长率ε_w（%）：

$$\varepsilon_W = \frac{L_1}{L_0} \times 100\%$$

式中，L_1为纤维被拉断时的拉伸位移；L_0为拉伸前的初始长度。

弹性模量E（GPa）：

$$E = \frac{\Delta\sigma}{\Delta\varepsilon}$$

式中，$\Delta\sigma$表示两点之间的应力变化，$\Delta\varepsilon$表示以上两点之间的应变变化。通过对纤维应力—应变曲线$\frac{1}{3}\sim\frac{1}{2}$部分进行线性回归方程拟合，得到方程$y$=A$x$+b，其中A值即为纤维的弹性模量，如图6-10，纤维弹性模量为27.3GPa。

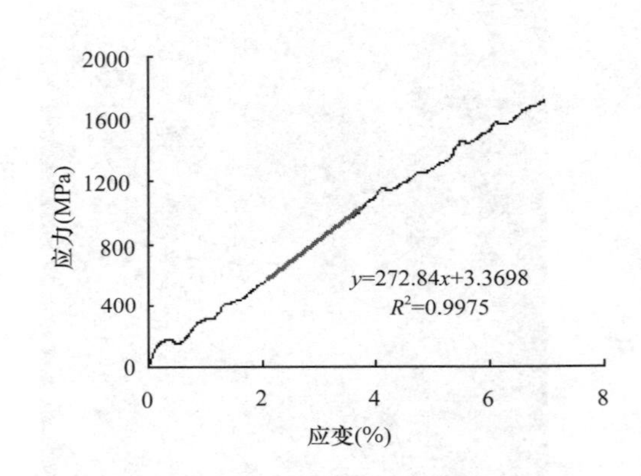

图6-10　计算纤维弹性模量

（6）微纤丝角（*MFA*）的测量。微纤丝角是指微纤丝与细胞长轴之间的夹角，在此微纤丝角用美国Panalytical公司生产的X射线衍射仪测得。大量的研究表明微纤丝角与单根纤维的力学行为密切相关，对毛竹的弹性模量等力学行为的影响很大。

微纤丝角的计算采用二阶导数法，它是晶体衍射学上求解峰位和峰形参数的常用方法。将X射线衍射Phi扫描强度曲线数据导入Origin处理软件，基于高斯函数拟合自动对X射线衍射谱进行S-G平滑、本底的测定与扣除，即可实现微纤丝角的快速计算。如果是双峰拟合，拟合函数为：

$$y = a + b_1 \cdot exp\left[\frac{-(x-u)^2}{2\sigma_1^2}\right] + b_2 \cdot exp\left[\frac{-(x-u-180)^2}{2\sigma_2^2}\right]$$

式中：a是常数，u和u+180是峰值对应的中心，σ_1和σ_2是拐点高度处的半峰宽，b_1和b_2是峰高，MFA=0.6（$\sigma_1+\sigma_2$）；对于单峰拟合，$\sigma=\sigma_1=\sigma_2$，则MFA=1.2σ。图6-11为毛竹典型的Phi扫描强度曲线及高斯函数拟合情况，通常拟合相关系数在0.99以上。通过拟合σ_1和σ_2，计算出MFA。

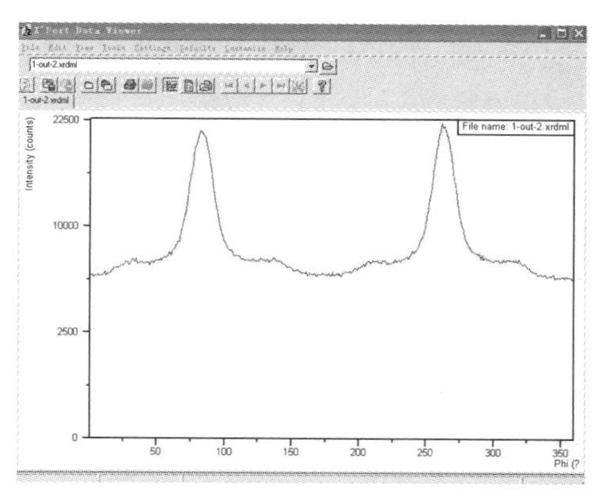

Phi扫描强度曲线

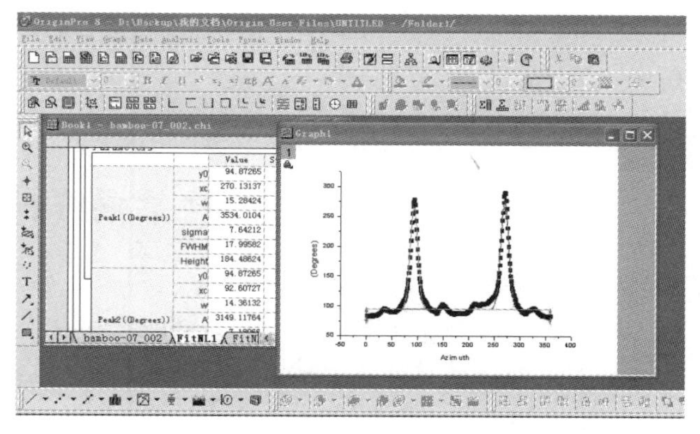

高斯函数拟合

图6-11　基于曲线拟合的微纤丝角度计算

图6-12　湿度控制箱

二、植物短纤维力学性能对水分依赖性的研究方法

高精度短纤维力学性能测试仪（SF-I）配备有微型湿度控制箱（图6-12），用于控制测试环境的湿度。研究植物短纤维力学性能水分依赖特性时，相对湿度控制范围为环境湿度到95%之间。调节高精度短纤维力学性能测试仪（SF-I）湿度控制箱的环境湿度，使纤维在一定湿度的湿度控制箱中平衡半小时后，对其进行拉伸，获得相应湿度下纤维的载荷—位移曲线和应力—应变（MPa—%）曲线，将曲线拟合成线性回归方程$y=Ax+b$，对于线性很好的纤维，A/10基本上就是其弹性模量（GPa）。通过对比弹性模量（方程中的A/10值）的变化，研究不同纤维对湿度的敏感程度。本章研究了毛竹、苎麻、芳纶单根纤维分别在40%、70%、90%环境湿度下的弹性模量，其中芳纶为对照样。

三、研究材料的选取

毛竹取自浙江萧山区，测试样品为2年、4年生毛竹中部竹肉层纤维，取样部位中部（3m处），竹肉层（b段）。将中间段的竹筒剖开，从竹青到竹黄依次分成4部分，分别记作a、b、c、d段。将b劈成30mm×10mm×1.5mm的薄片。株数：3株（从15株中任取3株），毛竹单根纤维尺寸微小，平均长度在2 mm左右，平均直径只有10～15 μm。

苎麻纤维由湖南华升株洲雪松有限公司提供。苎麻单纤维长度为40～140mm，平均直径在30～40 μm，测试过程中，将其剪成3mm长。

洋麻纤维取自美国密西西比州。洋麻单根纤维尺寸微小，长度一般在1～4mm，直径在10～30 μm。

第三节　竹单根纤维的力学性能

植物纤维广泛应用于纺织、制浆造纸、包装、建筑等诸多领域，与人们的日常生活息息相关。了解植物单纤维力学性质，将为以纤维为增强体的复合材料的研究，以及纺织行业、制浆造纸行业对纤维的选择性利用提供科学依据。

竹材的力学性质独特，具有极高的强度和刚度、各向异性显著。竹单纤维作为竹材的主要承载结构单元，纤维细胞壁力学性能的好坏对竹材宏观力学性能有着重要的影响。竹单纤维力学性能的研究是把竹材力学研究从宏观引向微观尺度的桥梁，研究细胞壁力学特性及其影响因素有助于从细胞甚至分子水平理解竹材的宏观力学特性，为竹单纤维、竹束纤维、竹材力学特性的发挥打好基础。为此，本节对竹单纤维力学性质进行了测试，同时与苎麻、洋麻两种植物纤维进行对比。

1. ***竹单纤维力学行为特征***

表6-1列出了几种纤维的力学性能统计数据，图6-13为几种纤维激光共聚焦显微镜（CLSM）下的横截面图，三种纤维的典型应力—应变曲线及箱线图见图6-14、图6-15。箱线图（Boxplot）是利用数据中的五个统计量：最小值、第一四分位数、中位数、第三四分位数与最大值来描述数据的一种方法，它也可以粗略地看出数据是否具有对称性，分布的分散程度等信息，尤其可用于对几个样本的比较。图、表中用单位面积上的拉伸强度及弹性模量作为评价纤维力学性能的有效指标，绝对的断裂载荷值并非评价纤维力学性能的真正指标。从图6-13可见，几种纤维的横截面形状各不相同，毛竹纤维壁厚、实心或中空非常小，基本呈圆形；洋麻纤维有空腔，但空腔稍小，基本呈圆形；苎麻纤维较粗、空腔也大，呈腰圆形。CLSM测试得到的三种纤维的平均横截面面积分别为113 μm^2、97 μm^2、337 μm^2（见表6-1），可见苎麻最粗，洋麻最细。

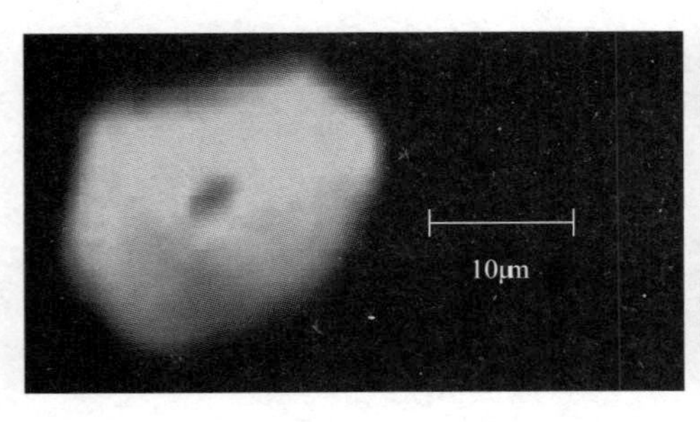

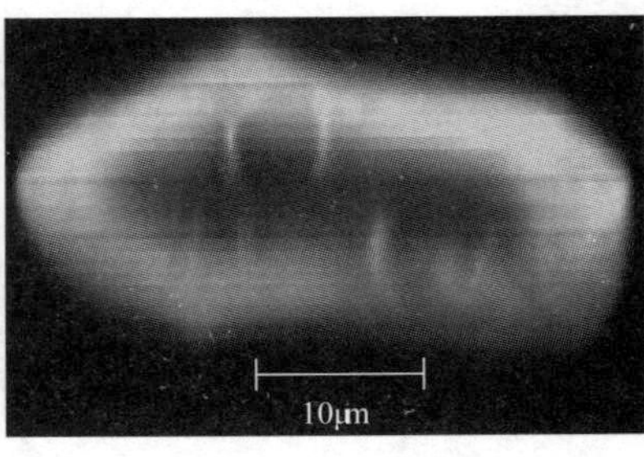

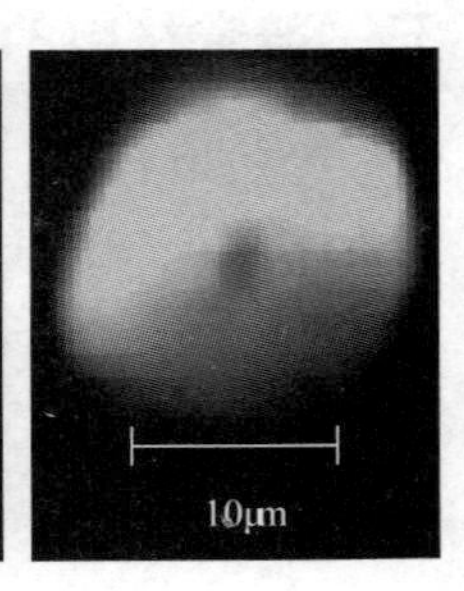

图6-13　纤维横截面图（从左到右：毛竹、苎麻、洋麻）

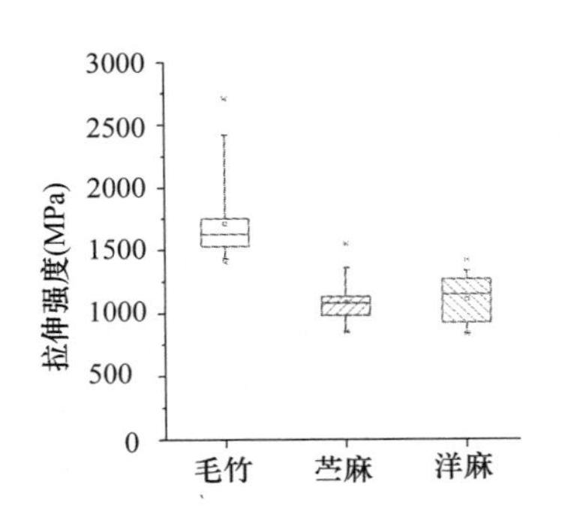

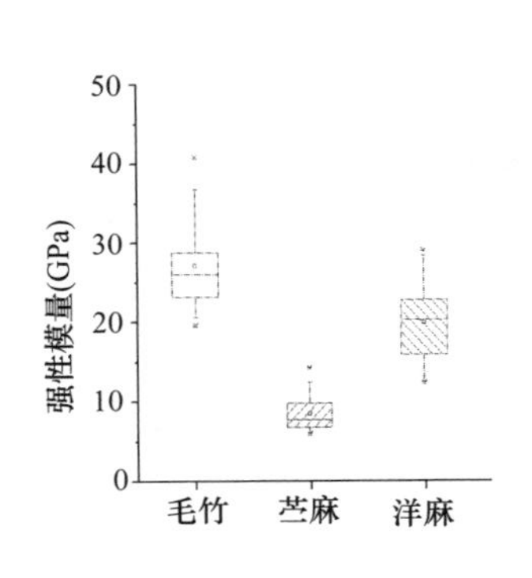

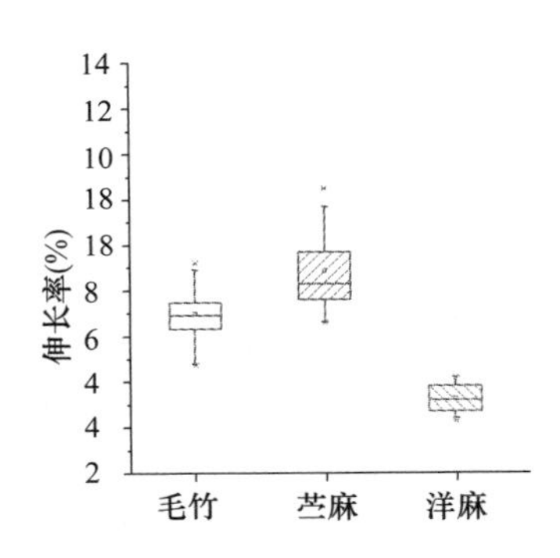

图6-14　不同植物单纤维的力学性能箱线图

表6-1　几种植物单纤维的物理力学性能

指标	类型	最大值	最小值	平均值	标准差	变异系数	样本数（↑）
拉伸强度（MPa）	2年毛竹	2136	1180	1590	286	0.18	30
	4年毛竹	2708	1407	1710*	293	0.17	30
	苎麻	1462	766	1001	153	0.15	30
	洋麻	1336	748	1019	188	0.18	30
弹性模量（GPa）	2年毛竹	29.8	17.5	23.6*	3.89	0.16	30
	4年毛竹	40.8	19.6	27.1*	5.0	0.18	30
	苎麻	15.6	9.1	11.4*	1.92	0.17	30
	洋麻	42.3	22.4	30.8*	5.13	0.17	30
伸长率（%）	2年毛竹	9.7	4.9	7.2	1.26	0.18	30
	4年毛竹	9.2	4.8	7.0	1.15	0.16	30
	苎麻	12.5	6.6	8.9*	1.59	0.18	30
	洋麻	4.2	2.3	3.2*	0.58	0.18	30
横截面面积（μm^2）	2年毛竹	245	65	129	42.4	0.33	30
	4年毛竹	170	69	113	27.6	0.24	30
	苎麻	496	193	337	78.0	0.23	30
	洋麻	147	63	97	22.0	0.23	30
拉伸跨距（mm）	2年毛竹	0.80	0.51	0.65	0.09	0.13	30
	4年毛竹	0.97	0.55	0.77	0.12	0.16	30
	苎麻	0.96	0.63	0.83	0.07	0.08	30
	洋麻	0.86	0.62	0.72	0.06	0.09	30

注　*差异显著。

表6-1结果显示，毛竹、洋麻、苎麻单纤维的平均拉伸断裂强度分别为1710 MPa、1019 MPa、1001MPa，拉伸强度最大值达2708MPa，弹性模量最大值达42.3GPa，平均断裂伸长率均小于10%。其中毛竹纤维断裂强度最大，与其他两种纤维的拉伸强度差异显著，弹性模量

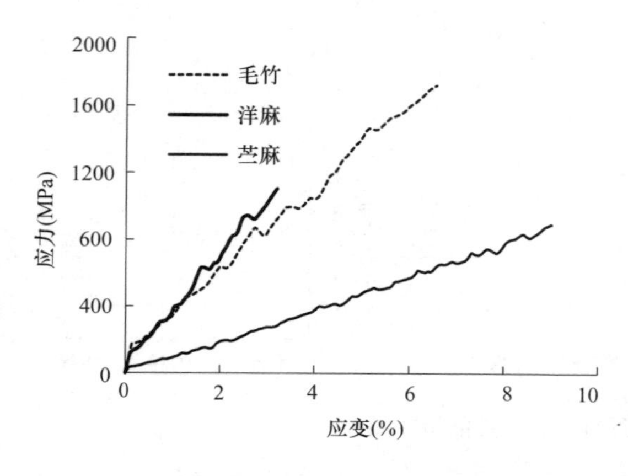

图6-15　不同植物单纤维的应力—应变曲线

居中，因此，毛竹单根纤维的力学性能表现最强；苎麻纤维断裂伸长率最大，且与其他两种纤维差异显著，平均值为8.9%，柔韧性最好；洋麻纤维断裂伸长率明显小于其他两种纤维，只有3.2%，而弹性模量值明显高于其他两种纤维，说明洋麻纤维刚性大，是一种脆性纤维。纤维间力学性能的差异与其结构、微纤丝角、化学组分、纤维结晶度等密不可分，但具体的影响机理还需进一步研究。

从图6-15可知，所测试的纤维都表现出了明显的线弹性行为，没有塑性屈服阶段。Burget等、Groom等的研究表明，植物纤维的应力应变特性与其微纤丝角密切相关。微纤丝角越小，曲线的线弹性越明显。当微纤丝角减小到10° 左右时，几乎呈现出完全的线弹性直至断裂。

微纤丝角测试结果见表6-2，可以看出：毛竹纤维微纤丝角均小于10° ，因此应力应变曲线呈现出完全的线弹性行为。不同竹龄毛竹微纤丝角相差不大，只是2年生微纤丝角较4年生略大。文献表明，微纤丝角越大，单根纤维力学性能越小。

表6-2　毛竹纤维微纤丝角

材料	毛竹2年生	毛竹4年生	毛竹6年生
微纤丝角MFA（° ）	9.91	9.61	9.76

2. ***竹单纤维断裂机理探讨***

纤维断裂机理方面的研究也一直是纤维微力学研究的一个热点。1967年，Mark从理论上对细胞轴向拉伸时细胞壁各层的应力分布进行了深入分析，认为由于胞间层主要由具有较低弹性模量的无定形物质组成，在次生壁破坏之前不会承受高应力，因此对正常细胞轴向拉伸时，断裂不会起始于胞间层。细胞的断裂可能经历两个阶段，第一个阶段是S_1层的剪切破坏。在最初的剪切破坏发生之后，细胞的内应力重新分布；第二阶段的断裂是沿着S_2层纤丝角方向的螺旋开裂，并且最终断裂模式可能与S_2层纤丝角的大小有关（图6-16）。

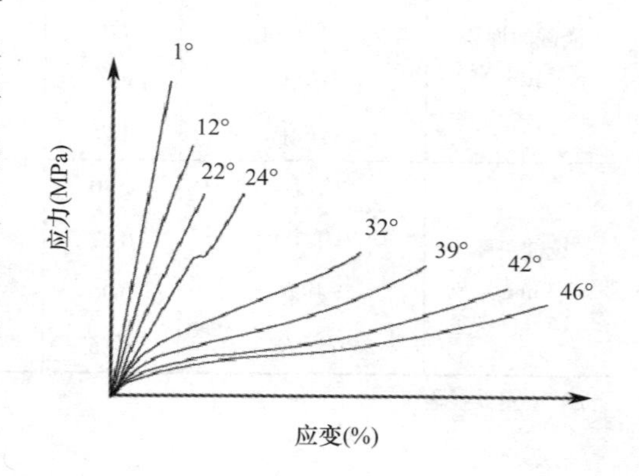

图6-16　S_2层微纤丝角对纤维（细胞）应力应变曲线的影响（Page，1983）

古川郁夫用扫描电镜研究了单根植物纤维轴向拉伸的断裂过程。Mott在球槽形纤维夹紧方式的基础上，利用环境扫描电镜和微型拉伸装置联用技术动态地研究了植物纤维细胞的轴向拉伸断裂机理。古川郁夫提出了裂纹扩展的三种方式：（1）横向裂纹扩展，即裂纹向与S_2层微纤丝垂直的方向扩展；（2）劈裂型扩展，即裂纹沿着S_2层微纤丝的方向扩展；（3）第三种则由横向裂纹扩展和劈裂型裂纹扩展两者兼而有之。这个结果在一定程度上支持了Mark有关S_2层微纤丝角对细胞断裂模式影响的推论。

在此，利用激光共聚焦显微镜对纤维断口进行观察，研究纤维断裂模式。研究结果表明，三种纤维断裂形式（图6-17）存在一定差异，其中苎麻纤维、竹纤维的断口形状大多呈斜齿形，断口粗糙，呈现明显的韧性断裂特性，与两种纤维的断裂伸长率结果相一致。图6-18为纤维在电镜下典型纵面形貌图，可以明显看出，苎麻纤维不同于其他两种纤维，纤维上的横纹与竖节尤为突出，对比图6-17中苎麻断口形貌发现，苎麻纤维断口走向与其横纹与竖节走向比较一致。洋麻纤维的断口相比其他两种纤维则平滑的多，表现出较强的脆性断裂特性。这与洋麻纤维较低的平均断裂伸长率的测试结果一致。

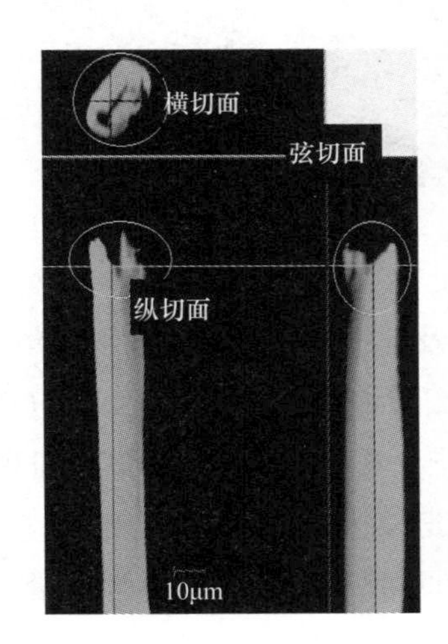

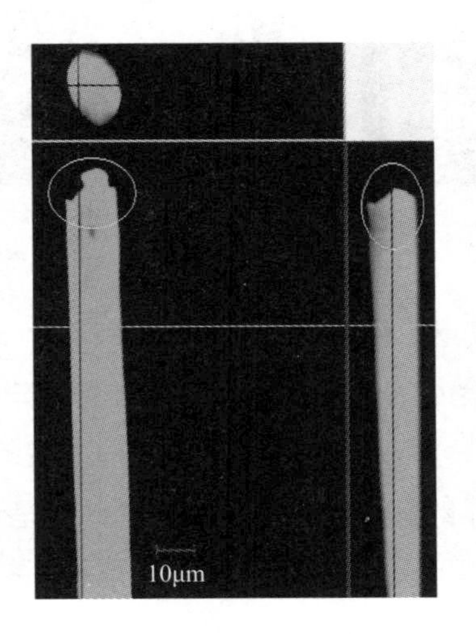

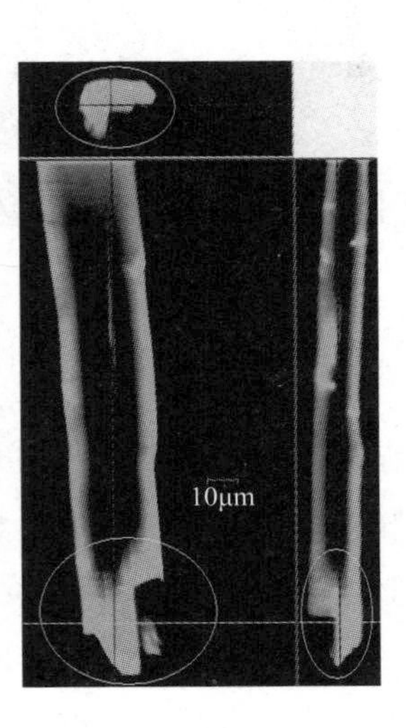

图6-17　纤维典型断裂形貌（从左到右：毛竹、洋麻、苎麻）

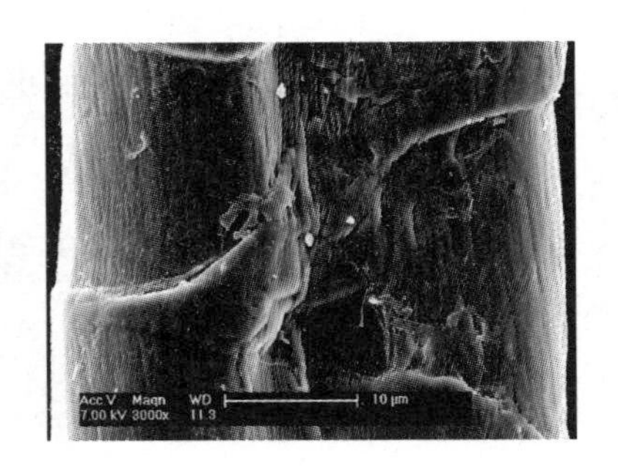

图6-18　纤维典型纵面电镜形貌（从左到右：毛竹、洋麻、苎麻）

图6-19中分别为（毛）竹纤维在激光共聚焦显微镜下与环境扫描电子显微镜下的断口形貌图。激光共聚焦与电镜同为高端的显微成像系统，在纤维断口形貌方面的研究各有优势。前者最大的优势在于其三维重构功能，在其软件操作系统中通过移动如图6-19左图中的*X*、*Y*、*Z*轴，可以实现对扫描样品任意点与面的观察，获取的是扫描样品的三维立体信息，信息更为全面，而且激光共聚焦样品制备简单。电镜在该研究中最大优势在于其高放大倍率与高分辨率，但要获取理想的纤维横截面上的断口图像，样品制备较难；且电镜只能对样品的表面进行观察，这对复杂多变的纤维断口形貌观察非常不利。

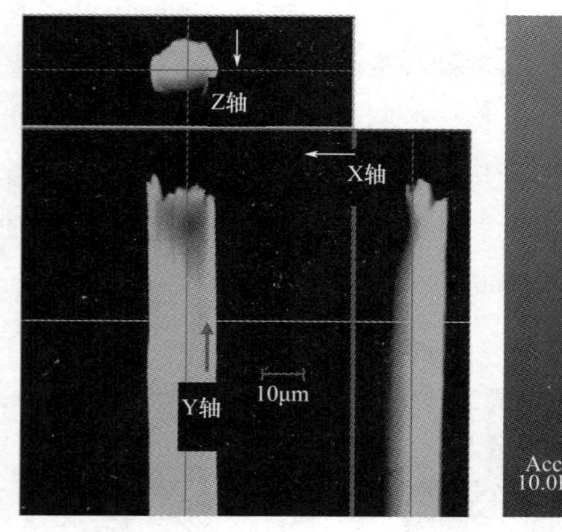

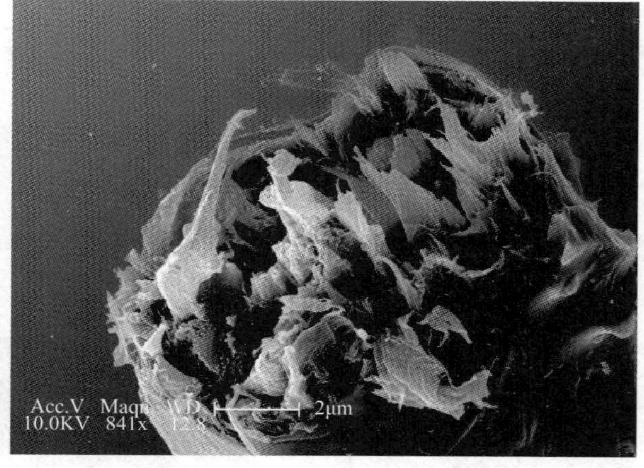

图6-19 （毛）竹纤维在激光共聚焦（左）及电镜（右）下断口对比

本节通过对（毛）竹、苎麻、洋麻几种植物纤维力学性能及纤维断口形貌的对比研究，发现（毛）竹纤维断裂强度最大，有一定的韧性和刚性；苎麻纤维断裂伸长率最大，柔韧性最好；而洋麻纤维弹性模量最大，刚性最大，是一种脆性纤维。几种纤维断裂形式也证明了上述结论，苎麻表现为明显的韧性断裂特性，洋麻纤维呈现出较强的脆性断裂特性。

总之，（毛）竹、洋麻、苎麻三种纤维在纤维形貌、拉伸强度、伸长率、弹性模量、断裂形式等方面均呈现出其各自的特点，如苎麻纤维空腔大，吸湿能力好，并且细长、柔韧性好，可以作为一种优良的纺织原料利用；毛竹纤维强度高，并有一定的韧性和刚性，可作为一种高性能的纺织原料进行开发应用；而洋麻纤维对于提高复合材料的刚度非常有利。了解这些差异有利于人们更合理有效地利用好这些宝贵的资源。

第四节　竹单纤维力学性能对水分的依赖性

植物纤维已被广泛用于纺织、制浆造纸及制造各种纤维基复合材料和产品。单根纤维的力学性能对水分的依赖特性最终会影响到材料本身及其产品的力学性能。竹材等生物质材料力学特性与含水率之间关系是个复杂而长期的课题。含水率的变化会引起材料强度、密度等一系列性能的变化，且不同材料、不同力学性能指标对含水率变化的敏感程度不同。

纺织行业对棉、毛、麻、丝及化学纤维在润湿状态下的强度伸长变化研究得出：纤维吸湿后，其机械性质如强度、伸长、弹性、刚度等都随之变化。随着回潮率增加有的纤维强度下降，有的反而增加，如棉、苎麻纤维吸湿后强度反而增加。

基于微观层面的细胞力学性能水分依赖特性研究通常是在高湿状态下独立的小环境内进行。水分改变了纤丝与基质间的连接以及化学组成本身的性质，最终影响细胞的力学性能。Cousins研究了木素的压痕法弹性模量随含水率的变化，含水率在1%～3%时，木素的力学性能几乎不变；在含水率为3.6%～12%时，木素弹性模量从6.7GPa减小到3.1GPa，剪切模量从2.1GPa降到1.2GPa。半纤维素的压痕法弹性模量在绝干状态约1GPa，含水率在1%～10%范围内变化不大，以后随着含水率的增加，弹性模量的变化逐渐增大，含水率增加，弹性模量显著下降，在50%含水率时弹性模量约0.1GPa，到68%含水率时，只有0.01GPa。Hofstetter利用动态FT-IR结合重氢交换技术研究了水分进入对纤维素内部结构的影响，研究发现，随着湿度的增加，分子间氢键交换更加活跃，这些键位于可到达的纤维素分子链的表面；且重氢交换仅存在于表面，也就是说水分可及区仅存在于纤维素纤丝的表面。

不同湿度下3种纤维弹性模量测试结果见表6-3、表6-4，图6-20～图6-22分别为（毛）竹、苎麻、芳纶纤维在不同湿度下的纤维应力—应变曲线。

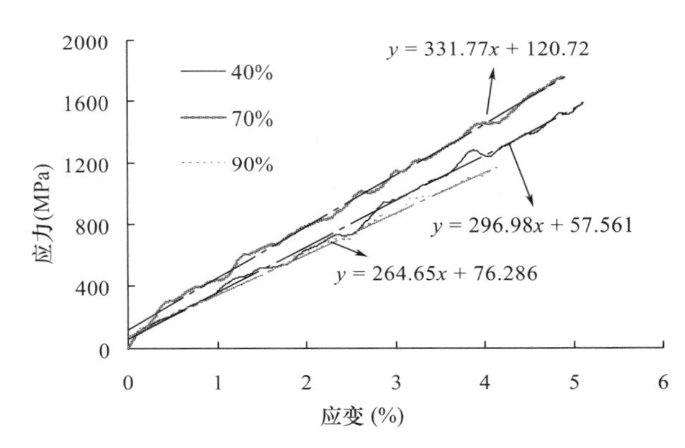

图6-20 （毛）竹纤维在不同湿度下的应力—应变曲线

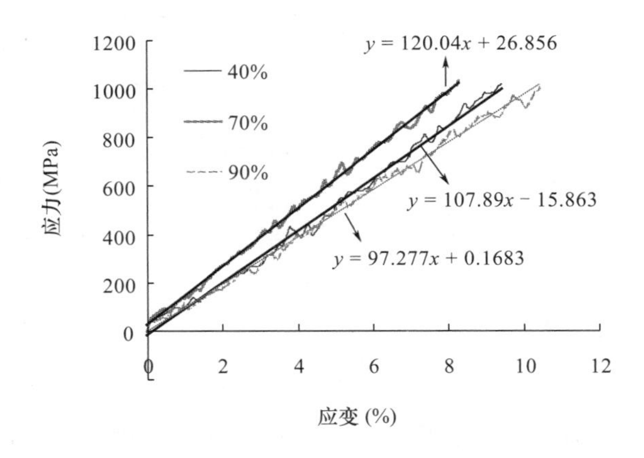

图6-21 苎麻纤维在不同湿度下的应力—应变曲线

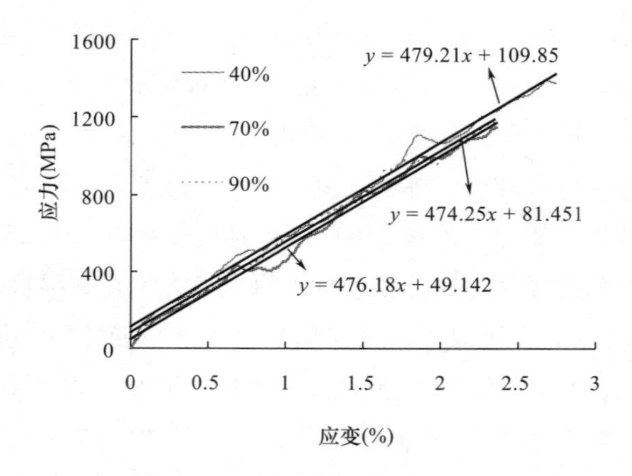

图6-22　芳纶纤维在不同湿度下的应力—应变曲线

表6-3　三种纤维在不同湿度下的弹性模量　（单位：GPa）

纤维	相对湿度（%）	最大值	最小值	平均值	标准差	变异系数	样本数
（毛）竹	40	36.80	23.17	28.28	4.02	0.14	10
	70	41.57	25.21	30.73	5.25	0.17	10
	90	30.66	21.12	26.30	3.00	0.11	10
苎麻	40	13.28	8.86	10.77	1.60	0.15	10
	70	13.53	8.86	11.81	1.80	0.15	10
	90	12.55	6.40	9.59	1.89	0.2	10
芳纶	40	51.47	44.72	47.93	2.70	0.056	5
	70	51.47	44.72	47.59	2.87	0.061	5
	90	54.00	43.88	47.42	4.05	0.085	5

表6-4　三种纤维在不同湿度下的弹性模量变化

纤维类型 / 相对湿度RH（%）	弹性模量变化率（%）		
	（毛）竹	苎麻	芳纶
70	↑8.7	↑9.6	↓0.7
90	↓7.0	↓11.0	↓1.1

由图、表可知，上述几种纤维力学性能对湿度变化的敏感程度不同，苎麻纤维对湿度变化最为敏感，而芳纶纤维几乎不感应外界湿度的变化。这种差异来源于纤维间化学组

成、微纤丝角、内在结构、孔隙、亲水基团的数目和种类、结晶度、纤维伴生物质和杂质、纤维比表面积等方面的不同，但纤维力学性能对水分依赖特性的具体影响因素及其机理还需进一步研究。

由图表中可以得出：与40%环境湿度相比，70%环境湿度下，（毛）竹、苎麻纤维弹性模量均有所增大；90%环境湿度下却又下降。原因可能是在相对湿度70%时，纤维强度提高，但伸长增大较小，故弹性模量上升；而在相对湿度90%时，水分进入纤维内部起到松弛的作用，纤维内的分子间产生较大滑移，伸长率增大，但纤维强度变化不大，故弹性模量下降；而芳纶纤维属于化学合成纤维，结构均匀、稳定，大分子上亲水基团少，故对外界湿度变化不敏感。考虑到水分对纤维力学性能的影响机理较为复杂，且实验过程中易受其他因素影响，因此，单根纤维力学性能对水分依赖特性的影响机理还需进一步研究。已有研究表明，在纤维饱和点以下，宏观层面上，竹材几乎所有的力学性能均随着含水率的降低而增大，当环境湿度在70%～80%时，毛竹的抗拉强度达到峰值，因此，从现有研究数据来看，微观层面的单根纤维对水分依赖特性与宏观层面表现出的规律是一致的。

本章小结

本章对竹单纤维力学性能进行了探索性研究，对（毛）竹、苎麻、芳纶等几种纤维力学性能的水分依赖性进行了比较研究，得到如下结论：

（1）几种植物单纤维力学性能比较发现，（毛）竹纤维断裂强度最大，平均值达1710 MPa，最大值达2708MPa，与其他两种纤维拉伸强度差异显著；苎麻纤维断裂伸长率最大，为8.9%，柔韧性最好；而洋麻纤维断裂伸长率最小，只有3.2%，且其弹性模量值明显高于其他两种纤维，平均达30.8GPa，刚性最大，是一种脆性纤维。

（2）（毛）竹、苎麻、洋麻纤维断裂形式存在一定差异，其中苎麻纤维、（毛）竹纤维的断口形状大多呈斜齿形，断口粗糙，呈现明显的韧性断裂特性；洋麻纤维的断口相对上述两种纤维则平滑的多，表现出较强的脆性断裂特性。这与洋麻纤维较低的平均断裂伸长率的测试结果是一致的。

（3）（毛）竹、苎麻、芳纶纤维力学性能对湿度变化的敏感程度不同，苎麻纤维对湿度变化最为敏感，而芳纶纤维几乎不感应外界湿度的变化。这种差异来源于纤维的化学组成、亲水基团的数目和种类、结晶度、纤维伴生物质和杂质、纤维比表面积、微纤丝角、孔隙等方面的原因。

（4）与40%环境湿度相比，70%环境湿度下，（毛）竹、苎麻纤维弹性模量均有所增大，90%环境湿度下又下降。

本章参考文献

[1] 曹双平. 植物单根纤维拉伸性能测试与评价［D］. 北京：中国林业科学研究院，2010.

[2] 高志勇. 优质的纺织原料——苎麻［J］. 广东农业科学，2009，（3）：43-44.

[3] 费德政，费忠明. 关于实现苎麻产业化的思考［J］. 四川纺织科技，2002，（2）：7-9.

[4] 曹勇，吴义强，合田公一，等. 洋麻增强复合材料的开发和应用［J］. 高分子材料科学与工程，2008，24（7）：11-15.

[5] 江泽慧，费本华，侯祝强，等. 针叶树木材细胞力学及纵向弹性模量计算纵向弹性模量的理论模型［J］. 林业科学，2002，38（5）：101-107.

[6] Takagi H，Takura R，Ichihara Y，et al. The mechanical properties of bamboo fibers prepared by steam-explosion method. Journal of the Society of Materials Science，2003，52（4）：353 -356.

[7] Niklas K J. Plant Biomechanics in wood［J］. Nature materials，2003，57（2）：775-776.

[8] Burgert I. Exploring the micromechanical design of plant cell walls［J］. American Journal of Botany，2006，57：1391-1402.

[9] 张波. 马尾松木材管胞形态及微力学性能研究［D］. 北京：中国林业科学研究院，2007，1-4.

[10] Jayne B A. Some mechanical properties of wood fibers in tension Forest products journal［J］. 1960：316-322.

[11] Page D H，El-Hosseiny F，Winkler K. Behaviour of single wood fibers under axial tensile strain［J］. Nature，1971，229（5282）：252-253.

[12] Jayne. B. A. Mechanical properties of wood fibers［J］. Tappi，1959，42（6）：461-467.

[13] Page D H，El-Hosseiny F，Winkler K，A. P. Lancaster. Elastic modulus of single wood pulp fibers［J］. Tappi，1977，60（4）：114-117.

[14] Elsa L，Ehrnrooth，Petter K. The tensile testing of single wood pulp fibers in air and in water. Wood and Fiber Science［J］. 1984，16（4）：549-566.

[15] Groom. L H，Shaler S M，Mott L. Characterizing micro-and macromechanical properties of single wood fibers. ［C］International Paper Physics Conference，Niagara-on-the-

Lake, Ontario, 1995, 13–18.

[16] Groom L H, Mott L, Shaler S M. Mechanical properties of individual southern pine fibers. Part I: Determination and variability of stress–strain curves with respect to tree height and juvenility [J]. Wood and Fiber Science, 2002a, 34 (1): 14–27.

[17] Groom L H, Shaler SM, Mott L. Mechanical properties of individual Southern Pine fibers. Part III: Global relationships between fiber properties and fiber location within an individual tree [J]. Wood and Fiber Science, 2002b, 34 (2): 238–250.

[18] Kellogg R M, Wangaard F F. Influence of fiber strength on sheet properties of hardwood pulps [J]. Tappi, 1964, 47 (6): 361–367.

[19] Tamolang F N, Wangaard F F. Strength and stiffness of hardwood fibers [J]. Tappi, 1967, 50 (2): 68–72.

[20] Mclntosh D C, Unrig L O. Effect of refining on load–elongation characteristics of Loblolly Pine holocellulose and unbleached kraft fifers [J]. Tappi, 1968, 51 (6): 265–273.

[21] Hartler N., G. Kull., L. Stockman. Determination of fiber Strength through measurement of individual fibers [J]. Sven. Papperstidn, 1963. 66 (8): 301–311.

[22] Hardacker KW. The automatic recording of the load–elongation characteristics of single papermaking fibers [J]. Tappi. 1963, 45 (3): 237–246.

[23] Van Den Akker. J. A., A. L. Lathrop. M. Voelker, M. Dearrh.. Importance of fiber strength to sheet strength [J]. Tappi, 1958, 41 (8): 416–425.

[24] Mclntosh D C. Tensile strength of loblolly pine fibers cooked to different yields [J]. Tappi, 1963, 46 (5): 237–277.

[25] Luner. P, K. P. Vemuri, F. Womeldorf. The effect of chemical modification on the mechanical properties of paper. Ⅲ. Dry strength of oxidized springwood and summerwood southern pine kraft fibers [J]. Tappi, 1976, 50 (5): 227–230.

[26] Duncker B L. Nordman. Determination of strength of single fibers. Paperi Jaa Puu [J]. 1965, 10: 539–552.

[27] Leopold B, Thorpe J L. Effect of pulping on strength properties of dry and wet pulp fibers from Norway Spruce [J]. Tappi, 1968, 51 (7): 304–308.

[28] Leopold B, McIntosh D C. Tensile strength of individual fibers from alkali extracted Loblolly Pine holocellulose [J]. Tappi, 1961, 44 (3): 235–240.

[29] Kersavage P C. A systemfor automatically recording the load–elongation characteristics of single wood fibers under controlled relative humidity conditions. USDA. U. S.

Government Printing Office, 1973.
[30] Leopold B. Effect of pulp processing on individual fiber strength [J]. Tappi, 1966, 49 (7): 315–318.
[31] Armstrong J P, Kyanka G H, Thorpe J L. S2 fibril angle and elastic modulus relationship of TMP Scotch Pine fibers [J]. Wood Science, 1977, 10 (2): 72 - 80.
[32] Mott L. Micromechanical properties and fracture mechanism of single wood pulp fibers [D]. USA: Maine University, 1995.
[33] Najafi S K, Hamidinia E, Tajvidi M. Mechanical properties of composites from sawdust and recycled plastics [J]. Journal of Applied Polymer Science, 2006, 100 (5): 3641–3645.
[34] Mott L, GroomL H, Shaler S M. Mechanical properties of individual Southern Pine fibers. Part II: Comparison of early wood and latewood fibers with respect to tree height and juvenility [J]. Wood Fiber and Science, 2002, 34 (2): 221–237.
[35] Mott L, Shaler S M, Groom L H. A technique to measure strain distribution in single wood pulp fibers [J]. Wood and Fiber Science, 1996, 28 (4): 429–437.
[36] Pakdel H, Cyr P L, Riedl B, et al. Quantification of urea formaldehyde resin in wood fibers using X–ray photoelectron spectroscopy and confocal laser scanning microscopy [J]. Wood Science & Technology, 2008, 42 (2): 133–148.
[37] Burgert I, Keckes J. A comparison of two techniques for wood fiber isolation evaluation by tensile tests on single fibers with different microfibril angle [J]. Plant Biology, 2002, 4: 9–12.
[38] Burgert I, Gierlinger N, Zimmermann T. Properties of chemically and mechanically isolated fibers of Spruce Part1: Structural and chemical characterisation [J]. Holzforschung, 2005, 59: 240–246.
[39] Burgert I, Fruhmann K, Keckes J, et al. Properties of chemically and mechanically isolated fibers of Spruce Part 2: Twisting phenomena [J]. Holzforschung, 2005, 59: 247–251.
[40] Burgert I, Eder M, Fruhmann K, et al. Properties of chemically and mechanically isolated fibers of Spruce Part3: Mechanical characterisation [J]. Holzforschung, 2005, 59: 354–357.
[41] Ashby M F, Gibson L J, Wegst U. The mechanical properties of nature materials. I. Msterial property charts [J]. Proceedings: Mathematical and Physical Sciences. 1995, 450 (8): 123–140.
[42] Smith L B. Molecular mechanisitic origin of the toughness of natural adhesives, fibres and

composites [J]. Nature，1999，399：761-763.
[43] Peterlik H，Roschger P，Klaushofer K，Fratzl P. From brittle to ductile fracture of bone [J]. Nature Materials，2006，5：52-55.
[44] Thompson J B. Bone indentation recovery time correlates with bond reforming time [J]. Nature，2001，414：773-776.
[45] Kretschmann D. Velcro mechanics in wood [J]. Nature materials，2003，2：775-776.
[46] 余雁. 人工林杉木管胞的纵向力学性质及其主要影响因子研究 [D]. 北京：中国林业科学研究院，2003.
[47] Groom L，Mott L，Shaler S，et al. Relationship between Fiber Furnish Properties and the Structural Performance of MDF [J]. Proceedings of the Washington State University International Particleboard Composite Materials Symposium，1999，3（33）：89-100.
[48] 付志一，焦群英. 植物细胞力学模型研究进展 [J]. 力学进展，2005，35（3）：404-410.
[49] 龙勉. 细胞-分子生物力学：与生命科学有机融合的领域 [J]. 医用生物力学，2005，35（3）：133-139.
[50] 赵峰，陶祖来. 发育生物学中模式形成的力学模型 [J]. 力学进展，2003，33（10）：95-118.
[51] Page D H，El-Hosseiny F，The mechanical properties of single wood pulp fibres. Part Ⅵ. Fibril angle and the shape of stress-strain cure [J]. Journal of Pulp and Paper Scienve，1983，9：99-100.
[52] Jenten B A. Some mechanical properties of wood fibers in tension [J]. Forest products journal. 1960，10（6）：316-322.
[53] 江泽慧，邹惠渝，阮锡根等. 应用X衍射技术研究研究竹材超微观结构I竹材微纤丝角 [J]. 林业科学，2000，36（3）：122-125.
[54] 余雁，王戈，覃道春，张波. X衍射法研究毛竹微纤丝角的变异规律 [J]. 东北林业大学学报，2007，35（8）：28-30.
[55] Burgert I，Fruhmann K. Structure-function relationships of four compression wood types：micromechanical properties at the time and fiber level [J]. Trees-Structure and Function，2004，18（4）：480-485.
[56] Cousins W J. Elastic Modulus of Lignin as Related to Moisture Content [J]. Wood Science and Technology，1976，（10）：9-17.
[57] Cousins W J. Young's Modulud of Hemicellulose as Related to Moisture Content [J]. Wood Science and Technology，1978，（12）：161-167.

[58] Nissan A H. The elastic modulus of lignin as related to moisture content [J]. Wood Science and Technology. 1997, 11 (2): 147–151.

[59] Tanaka F, Okamura K, Characterization of cellulose molecules in bio–system studied by modeling methods [J]. Cellulose, 2005, 12: 243–252.

[60] Tanaka F, Iwata T. Estimation of the elastic modulusof cellulose crystal by molecular mechanics simulation [J]. Cellulose, 2006, 13: 509–517.

[61] Duchesne I, Hult E–L, Molin U, Daniel G. The influence of hemicellulose on fibril aggregation of kraft pulp fibres as revealed by FE–SEM and CP/MAS 13C–NMR [J]. Cellelose, 2001, 8: 103–111.

[62] Bergander A, Salmen L. The transverse elastic modulus of the native wood fiber wall [J]. Journal of Pulp and Paper Science, 2000, 26 (6): 234–238.

[63] Burgert I, Frühmann1 K, Keckes J, Fratzl P, Tschegg S. E. S. Microtensile Testing of Wood Fibers Combined with Video Extensometry for Efficient Strain Detection [J]. Holzforschung, 2003, 57 (6): 661–664.

[64] 袁兰. 激光扫描共聚焦显微镜技术教程 [M]. 北京: 北京大学医学出版社, 2004: 3–12.

[65] 汪克来, 蔡键. 竹纤维增强塑料材料性能研究 [J]. 安徽建筑工业学院学报 (自然科学版), 2005, 13 (2): 78–80.

[66] 于文吉, 余养伦, 江泽慧. 竹材纤维增强材料的特性 [J]. 东北林业大学学报, 2006, 34 (4): 3–6.

[67] 李栋高. 纤维材料学. 北京: 中国纺织出版社, 2006.

[68] 邵卓平, 周学辉等. 竹材在不同介质中加热处理后的强度变异 [J]. 林产工业, 2003, 30 (3): 26–29.

[69] 黄安民、费本华、刘君良, 杉木木材性质研究进展 [J]. 世界林业研究, 2006, 19 (1): 47–52.

[70] Vural M, Ravichandran G. Dynamic response and energy dissipation characteristics of balsa wood: experiment and analysis [J]. International Journal of Solids & Structures, 2003, 40 (9): 2147–2170.

[71] 刘一星, 赵广杰. 木质资源材料学 [M]. 北京: 中国林业出版社, 2004: 8.

[72] Green D W, Link C L, DeBonis A L, et al. Predicting the effect of moisture content on the flexural properties of southern pine dimension lumber [J]. Wood Fiber Science. 1986, 18 (1): 134–156.

[73] Wang S Y, Wang H L. Effects of moisture content and specific gravity on static bending properties and hardness of six wood species [J]. Wood Science Technology, 1999,

45：127–133.

［74］Kojima Y，Yamamoto H. Properties of the cell wall constituents in relationto the longitudinal elasticity of wood［J］. Wood Science Technology，2004，37：427–434.

［75］Kretschmann D E，Green D W. Modeling Moisture Content–Mechanical Property Relationships For Clear Southern Pine［J］. Wood Fiber Science，2007，28（3）：320–337.

［76］Green D W，Evans J W，Barrett J D，et al. Predicting The Effect of Moisture Content On The Flexural Properties of Douglas–Fir Dimension Lumber［J］. Wood Fiber Science. 2007，20（1）：107–131.

［77］Ishimaru Y，Arai K，Mizutani M，et al. Physical and mechanical properties of wood after moisture conditioning［J］. Journal of Wood Science，2001，47：185–191.

［78］Sudijono，Dwianto W，Yusuf S，et al. Characterization of major，unused，and unvalued Indonesian wood species I. Dependencies of mechanical properties in transverse direction on the changes of moisture content and/or temperature［J］. J Wood Science，2004，50：371–374.

［79］周芳纯. 竹林培育学［M］. 北京：中国林业出版社，1998：363–379.

［80］Russell J，Kallmes O J，Mayhood C H. The influence of two wet–strength resins on fibers and fiber–fiber contacts［J］. Tappi，1967，47（1）：22–25.

［81］Hofstetter K，Hinterstorisser B，Salmen L. Mositure uptake in native cellulose–the roles of different hydrogen bonds：a dynamic FT–IR study using Deuterium exchange［J］. Cellulose，2006，13（2）：131–145.

［82］Yamamoto H，Kojima Y. Properties of the cell wall constituents in relation to the longitudinal elasticity of wood，Part 1：Formulation of the longitudinal elasticity of an isolated wood fiber［J］. Wood Science Technology，2002，36：55–74.

第七章　竹纤维亲水性能

为充分利用我国丰富的竹资源，加快竹纤维产业化加工与利用的进程，需要深入了解竹纤维的性能特点，为竹纤维的应用奠定基础，本章从亲水性角度进一步了解竹纤维的性质。

第一节　亲水性研究背景

对纺织纤维而言，液体对纤维和纤维集合体的浸润性、液体在纤维集合体中的水分传递、纤维本身的吸放湿、吸水特性都是评价纤维和纤维集合体亲水性能的重要指标，对纺织品原材料的选用、纺织品设计和应用均有显著的影响。

材料在空气中与水接触时能被水润湿、对水有大的亲和能力，可以吸引水分子的性质被称为亲水性。接触角是表征材料表面浸润性能、亲水性能的重要指标，当材料接触角小于90° 时被称为亲水性材料。在排除了后整理因素、材料集合体结构不变的情况下，纤维表面的接触角可以在很大程度上反映纤维本身的亲水性能。

润湿性能是指某种液体与材料表面接触时在表面润湿、扩散和渗透的难易程度和效果，其中最常见的润湿现象就是一种液体从固体表面置换空气。1805年T.Yong将接触角与润湿的热力学条件结合，导出了用接触角判断润湿的条件。将液滴置于一个理想平面上，如果另一相是气体，则气、液、固三相接触达到平衡时，从三相交界处所做的液—气界面的切线与固—液交界线之间的夹角θ就是接触角（图7–1）。

著名的杨氏（Yong）方程：

$$\cos\theta=(r_S-r_{SL})/r_L \qquad (7\text{–}1)$$

式中：r_S—固体表面能；

r_L—液体表面能（表面张力）；

r_{SL}—固—液界面相互作用自由能；

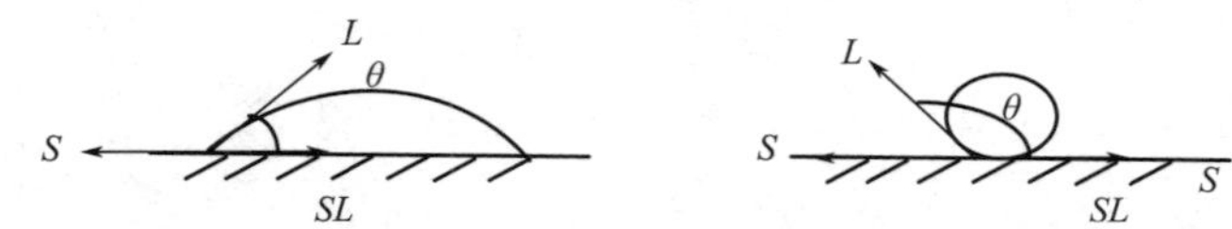

图7–1　接触角定义

θ —接触角。

习惯上一般将$\theta=0$叫完全润湿，$\theta=180°$ 叫完全不润湿，而将$0<\theta<90°$ 称为润湿，$90°<\theta<180°$ 叫不润湿（不完全润湿），θ为零或不存在则为铺展。对同一液体和固体，在不同的润湿过程中，其润湿条件是不同的，实际上在应用接触角表示润湿性时只对浸渍（即$\theta\leq 90°$）比较有效。

对单根纤维接触角的测试与评价，可以较好地表征纤维表面的润湿性能和亲水性能。但是单根植物纤维不仅比较细小，且呈圆柱状，尤其是单根纤维与水的作用过程复杂，包括纤维表面的润湿、因毛细管作用而引起的液体流动、纤维表面对水分的吸收及水分向纤维内部扩散等多种作用过程，因此其接触角测量及分析比较困难。接触角的测量方法可以按照不同的标准进行分类，按照测量时三相接触线的移动速率，可分为静态接触角、动态接触角；按照直接测量物理量的不同，可分为量角法、测力法、沉浮法、液膜法和插入法。其中最常用的是液滴形状法（量角法）和Wilhelmy力学测定法（测力法）。

液滴形状法（量角法）是基于1805年T.Young推出的著名Young方程，Yamaki和Carroll等提出了液滴形状法（静态接触角），是最直观的测量方法（本章中使用的光学法接触角测量仪即采用了该方法，从液滴形状的观察方法角度称为光学法）。将小液滴直接置于纤维上，分析在纤维上的液滴形状并通过计算而得到纤维的接触角。

Wilhelmy力学测定法（测力法）是Wilhelmy于1863年首次提出的。将垂直浸入液体中的直立纤维进入或拖出液体时需要的力，根据浸润力和液体表面张力、维周长及接触角的关系，计算得到接触角值，从而判定其浸润性能。具体是将固体薄板通过金属丝连接电子天平，当薄板未浸入液体时，薄板只受到重力作用，此时测力装置的刻度为：$F_1=mg$

当薄板浸入液体的深度为h，达到平衡时：

$$F_2=mg+pr_l\cos\theta\ (\rho_1-\rho_g)\ gph=mg+pr_l\cos\theta-(\rho_1-\rho_g)\ V \tag{7-2}$$

薄板浸入液体前后测力装置的读数差值为：

$$F=F_2-F_1=pr_l\cos\theta-(\rho_1-\rho_g)\ V \tag{7-3}$$

式中：F—浸润力；

F_1—未浸入液体时测力装置的读数；

m—待测薄板的质量；

g—重力加速度；

F_2—浸入深度为h，达平衡时测力装置的读数；

p —润湿周长；

r_l —液体的表面张力；

θ—接触角；

ρ_1—液体密度；

ρ_g—气体密度；

V—浸没体积。

插入法是将直立纤维浸入液体中，当液体表面和纤维接触的一面呈水平时，观察液面另一面和纤维的夹角。与Wilhelmy力学测定法一样，该方法对纤维的要求是必须有一定的长度和比液体大的密度。液膜法是当以纤维为中心的液膜上下移动时，通过测量纤维的受力变化来分析纤维各处接触角的变化，其原理也是基于Wilhelmy浸润力，适合于长度较长的纤维。沉浮法是将纤维放入液体中，当一半纤维浮于液面而另一半纤维沉在液体中时，取此刻的液体表面张力值作为该纤维的临界表面张力。其原理是当大于液体临界表面张力小于纤维临界表面张力时，纤维将会被完全浸润且下沉；反之，浮于液面。这一方法需要预先估计纤维表面张力的范围，并需要配置一系列表面张力相近且有差异的非极性液体，使实验操作复杂。

可见，以上方法各有侧重和使用范围，其中最常用的是液滴形状法和Wilhelmy力学测定法。本章单纤维和束纤维均可采用分析液滴在纤维上的形状因子并通过计算而得到纤维接触角的方法（量角法），或将垂直浸入液体中的直立纤维拖出或进入液体时测量所需的力，根据浸润力与润湿纤维周长及接触角的关系计算得到接触角，即力学接触角测量方法来评价其浸润性能。纤维的浸润性能主要取决于单纤维或束纤维表面的化学成分和纤维的形态结构。纤维集合体表面是由纤维和空气构成固—气界面，一般可通过直接观察气—液界面的切线与固—液交界线之间的夹角θ的方法获得纤维集合体表面的接触角来评价其表面的浸润性能。纤维集合体的浸润性能与其表面形态、微区形态密切相关。

国内学者在表征单纤维浸润性能方面做了一定的研究。肖红等设计了一种纤维浸润性能测试方法，采用Instron万能强力仪测试了涤纶、木棉等纤维的接触角。将纤维以水平状态等速浸入液体，记录纤维浸润过程，提取其初始接触液体和完全被液体浸润时的力值变化，判定液体对纤维的浸润性能，并定量地描述纤维的浸润性能，该测试方法可适用于短纤维和各种细度长丝的接触角测量。对于超短纤维接触角的测量，程海涛等人针对竹、麻等细短纤维接触角的测定方法进行了研究。研究发现光学法（量角法）和力学法（测力法）均可适用于细短纤维接触角的测定，且两种测定方法不存在显著性差异，其中，光学法（量角法）测定的结果变异系数小，更适合表面性能均一的细短纤维的测定。

接触角不仅可以表征纤维的浸润性能，还能得到纤维的表面能。国内专家学者基于接触角法测量材料的表面能方面也有深入研究。王晖以二次蒸馏水、甘油、甲酰胺、二碘甲烷和乙二醇为检测液体，采用接触角测量法确定高分子树脂材料的表面能参数，水—甲酰胺—二碘甲烷、水—甘油—二碘甲烷、水—乙二醇—二碘甲烷三种组合方案中的任一组合均能较好地反映聚合物的表面特征，所以在测量纤维材料的表面能时可选择其中的任一组合。江泽慧等针对天然竹纤维粗细不均、变异性大的特点，采用Whihelmy力学法测定了竹纤维的平均润湿周长及动态接触角，且探究得出竹纤维表面能与接触角呈负相关线性关系。因此本章在测试了单纤维接触角与表面能之后，即直接用接触角结果表征材料的亲水性能。

第二节　竹纤维亲水性研究方法

一、研究对象

1. 实验材料

为了相互比较，选择了常用纺织纤维，亚麻、苎麻、棉、黏胶纤维等作为参照，涤纶作为非亲水性纤维进行比对，竹纤维同第五章，具体如表7-1所示。

表7-1　实验材料及其来源

纤维名称	竹纤维	黄麻纤维	苎麻纤维	亚麻纤维	棉纤维	黏胶纤维	涤纶纤维
来源	自制	湖南郴州麻纺织有限公司	湖南华升株洲雪松有限公司	哈尔滨亚麻集团	市购	河北吉藁化纤有限责任公司	市购

2. 实验材料的预处理

（1）单纤维的制备。竹纤维、黄麻和亚麻等纤维在纺织加工过程中，通常使用工艺束纤维，故接触角测试时，需制备其单纤维，用单纤维的接触角反映材料本身的亲水性。制备工序如下：将试样置于30%过氧化氢与99.5%冰醋酸按体积比1∶1的混合液中，60℃条件下处理24h后，取出用纯水反复清洗至pH为7，烘干后将纤维置于温度为20℃、相对湿度为65%的恒温恒湿箱中备用。

苎麻、棉、黏胶和涤纶等纤维的原始状态即为单根纤维，故只需去除纤维制取或加工过程中残留的油脂类物质。处理工序如下：将试样用纯水清洗若干遍，再用乙醇超声清洗5min，去除表面灰尘与油脂等杂质，烘干后将纤维置于温度为20℃、相对湿度为65%的恒温恒湿箱中备用。

（2）束纤维的制备。对所收集的竹、黄麻和亚麻原料进一步进行脱胶处理，以获得可满足纺织加工应用的束纤维即工艺纤维。处理条件如下：10%NaOH，10%复合脱胶助剂（参见第三章），10%的过氧化氢（浓度30%），浴比为1∶30，处理温度为100℃，处理时间为0.5h，脱胶后清洗烘干，然后置于温度为20℃、相对湿度为65%的恒温恒湿箱中备用。

（3）纤维集合体的试样制备。纤维集合体是指将纤维统一处理成长度为（1±0.2）mm后，称取相同质量纤维在15MPa压力下施压（100±10）s制成圆形片状材料，目的是保证纤维集合体样品中纤维间密度、面积的一致性，便于测定和比较。纤维集合体试样包括单纤维集合体和束纤维集合体。

二、研究仪器

主要研究用仪器列于表7-2中。

表7-2 主要研究用仪器

仪器名称	生产厂家
光学接触角测量仪（Kruss DSA100）	KRUSS GmbH，Germany
力学法接触角测量仪（Kruss K100MK2）	KRUSS GmbH，Germany
光学接触角测量仪（Contact Angle System OCA）	Dataphysics Instruments GmbH，Germany
MILLIPORE超纯水机（SYNERGY UV System）	MILLIPORE，France
CU-6纤维细度分析仪	北京和众视野科技有限公司
YP-157粉末压片机	天津天光光学仪器有限公司
KQ-200VDE双频数控超声波清洗器	昆山市超声仪器有限公司
Anke TDL-5离心机	上海安亭科学仪器厂

此外，还使用了电子天平、水浴恒温振荡器、恒温恒湿箱、恒温烘箱等仪器。

三、研究方法及条件

1. 液滴形状法（量角法）测量纤维接触角

采用Kruss DSA100光学接触角测量仪，通过脉冲将体积为100pL的超纯水液滴喷射到已固定在样品台上的水平伸直的单根纤维上，CCD记录液滴与纤维接触全过程，选择椭圆法计算求得单纤维的静态接触角，如图7-2所示。

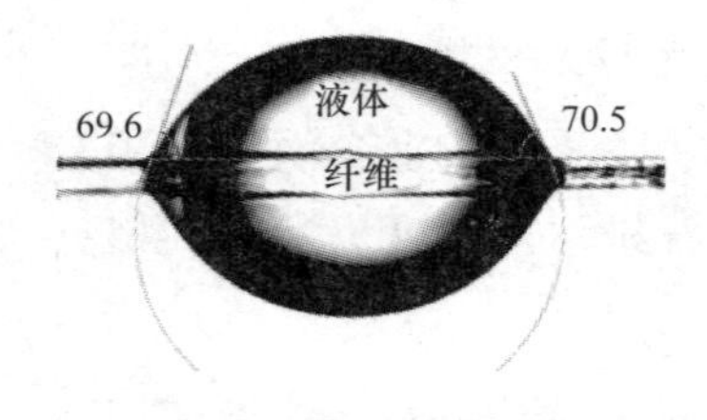

图7-2 椭圆法计算纤维接触角（左：69.6°，右：70.5°）

2. 力学法（测力法）测量纤维接触角

Kruss K100MK2力学法接触角测量仪基于润湿力测量原理，纤维入水过程中保证夹持纤维垂直不弯曲，空气流动速度为（0～0.2）m/s。根据Wilhelmy测试原理方法计算得出接触角，即Wilhelmy公式（7-3）所示。对于相当细小的纤维而言，与总作用力相比，浮力可以忽略不计（约为总润湿力的1%），总润湿力可以表示成公式（7-4）。

$$F=p\gamma_L\cos\theta \tag{7-4}$$

其中F为作用于物体的浸润力，p为润湿周长，γ_L为液—气的表面张力，θ为接触角。

研究发现，由于不同纤维的长度和刚度不同，需要根据润湿力的平衡状态合理设置纤维的润湿平衡时间、伸出夹具长度和入水深度。经过反复试验，测试条件设置如表7-3所示。束纤维接触角测量和单纤维的测试方法相同，均采用了量角法和测力法两种方法。

表7–3　测力法测量纤维接触角的实验条件设置

纤维类型	伸出夹具长度（mm）	入水深度（mm）	润湿平衡时间（s）
长度≤5mm 短纤维	1.5	1	45
长度>5mm单纤维、束纤维	4	2	45

3．纤维集合体的接触角测量及纤维表面能的测定

纤维集合体的接触角测量采用OCA光学接触角测量仪，它采用计算机多媒体技术，光学系统和CCD摄像头结合，通过脉冲将液滴滴到纤维圆形片状集合体上后使液滴的影像清晰地显示在计算机屏幕上，视频捕捉系统记录整个过程，并将影像存储，通过接触角分析系统分析影像得到接触角结果，如图7–3所示。每个圆形片状集合体可得到一个接触角数据，本实验液滴滴定量为5 μl，测试对象包括由单纤维构成的纤维集合体以及由束纤维构成的纤维集合体。

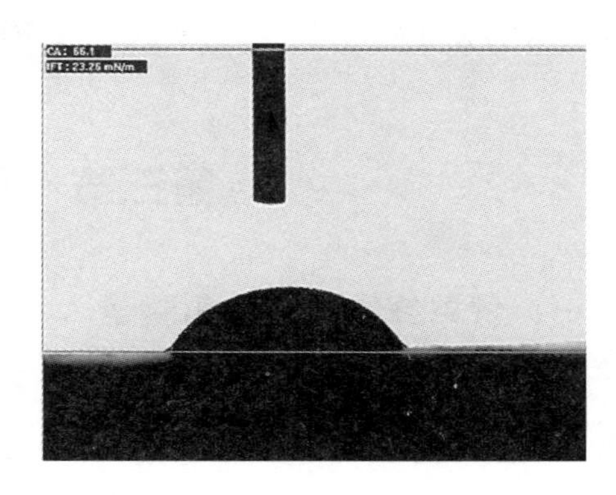

图7–3　光学接触角测量仪（OCA）测量过程

表面自由能是分子间作用力的一种直接体现。液体或固体表面分子受到不平衡的分子间作用力的影响，与内部分子比较，具有附加的能量。表面自由能的测定对确定纤维的表面性质具有重要意义。为此，本实验以水、甲酰胺和二碘甲烷为测试液体，采用Contact Angle System光学接触角测量仪（OCA）测量纤维集合体的表面接触角，确定纤维的表面能参数，然后计算得出纤维表面自由能。

实验环境条件：（20 ± 5）℃，RH（15 ± 5）%。

4．回潮率的测试

依据国家标准《纺织材料含水率和回潮率的测定 烘箱干燥法》（GB/T 9995—1997）测定纤维集合体的标准回潮率。将一定量的纤维在20℃、65%的恒温恒湿箱中放置24h后称重，立即放置于105℃条件下的烘箱中先烘干1h称重，再放回烘箱，之后每隔0.5h称重直至纤维连续两次称见质量的差异小于后一次称见质量的0.1%时，即为烘干纤维质量（烘干时间共计2h）。

回潮率计算：

回潮率（%）=［（湿纤维质量 − 干纤维质量）/ 干纤维质量］× 100%

5．保水率的测试

参照美国材料试验标准ASTM D2402–69进行纤维保水率的测试。称取一定量的纤维试

样置于一定体积的蒸馏水中，浸泡2h以便纤维试样充分润湿，取出纤维试样，在自然状态下排水后以3500r/min的离心转速离心脱水15min后立即称重，放入（105～110）℃烘箱中烘干1h，冷却30min后称重。

保水率计算：

保水率（%）=［（离心脱水后纤维质量－烘干纤维质量）/烘干纤维质量］×100%

6. 干燥速率的测试

在相同的温湿度环境状态下，记录滴加了相同质量蒸馏水的纤维集合体中的水分随时间的变化，画出干燥曲线。

实验环境条件：（20±5）℃，RH（15±5）%。

第三节　竹纤维的亲水性研究

一、竹单纤维的接触角测量

1. 单纤维的量角法接触角测试结果与分析

表7-4　单纤维的量角法接触角测试结果　（单位：°）

纤维种类	样本数（个）	均值	标准差	极大值	极小值	均值的95%置信区间	
						下限	上限
竹纤维	11	68.57	1.80	65.48	70.47	67.37	69.78
黄麻纤维	11	68.80	2.42	64.72	72.09	67.18	70.43
苎麻纤维	11	70.83	2.10	68.03	73.93	69.42	72.24
亚麻纤维	11	69.85	2.29	66.19	73.21	68.32	71.40
棉纤维	11	70.88	2.50	66.53	74.58	69.20	72.55
黏胶纤维	11	71.19	1.64	68.79	74.36	70.09	72.29
涤纶纤维	11	73.08	2.03	69.87	75.62	71.72	74.44

采用量角法测量了7种单纤维的接触角，其结果如表7-4所示。7种单纤维的平均接触角结果中，最大与最小的接触角相差4.51°，可以看出单纤维间的接触角差异极小。为探究7种单纤维间的接触角是否有显著性差异，对7种单纤维接触角结果进行单因素方差分析，分析结果见表7-5～表7-7。表7-5是各组数据方差齐次性检验结果，由于表中计算Levene统计量，Sig.值为0.497，大于0.05，所以认为各组的方差齐次。表7-6所示是方差分析表，从表中数据可知，Sig.取值为0.0001小于0.05，即假设不成立，认为各组的均值有差异，说明至少有一种纤维的接触角和其他纤维的接触角有显著性差异。

表7-5　量角法测量单纤维接触角测量结果的方差齐性检验

Levene 统计量	自由度1	自由度2	显著性Sig.
0.904	6	70	0.497

表7-6　量角法测量单纤维接触角测量结果的单因素方差分析

项目	平方和	自由度	均方	F值	显著性Sig.
组间	158.147	6	26.358	5.800	0.000
组内	318.134	70	4.545		
总数	476.281	76			

表7-7所示的是7种纤维接触角测试结果显著性差异两两比较的结果。从表中数据可以看出，竹纤维、黄麻纤维和亚麻纤维的单纤维接触角两两比较得到的Sig.值均大于0.05，说明竹、黄麻和亚麻三者的单纤维接触角无显著性差异；而竹单纤维与苎麻、棉、黏胶和涤纶4种纤维比较，得到Sig.值都小于0.05，说明竹单纤维的接触角与苎麻、棉、黏胶和涤纶的单纤维接触角有显著性差异；苎麻、棉和黏胶三者之间单纤维接触角比较，其Sig.值大于0.05，说明三者单纤维接触角无显著性差异；由于涤纶与其他6种单纤维比较其Sig.值都小于0.05，所以认为涤纶同其他单纤维接触角测试结果均有显著性差异。

表7-7　量角法测量单纤维接触角测量结果多重比较的显著性Sig.值

纤维种类	竹纤维	黄麻纤维	苎麻纤维	亚麻纤维	棉纤维	黏胶纤维	涤纶纤维
竹纤维	1	0.799	0.015*	0.162	0.014*	0.005*	0.000*
黄麻纤维		1	0.029*	0.251	0.026*	0.011*	0.000*
苎麻纤维			1	0.288	0.959	0.695	0.016*
亚麻纤维				1	0.266	0.148	0.001*
棉纤维					1	0.733	0.018*
黏胶纤维						1	0.041*
涤纶纤维							1

注　* 均值差的显著性水平为 0.05。

总的来说，竹单纤维接触角最小，涤纶纤维接触角最大，这主要是因为竹纤维有大量的亲水性基团，所以其亲水性能较好，而涤纶是化学合成纤维，其成纤高聚物中缺少亲水基团，所以其亲水性能相对较差。

2. 单纤维的测力法接触角测量结果与分析

测力法测量单纤维接触角的计算由润湿力$F=p\gamma_L\cos\theta$（公式7-4）可知需要测量每根纤

维的平均直径计算其润湿周长，7种纤维直径测试结果如表7-8所示，其中竹纤维直径变异系数最大，涤纶纤维直径变异系数最小。

表7-8　单纤维直径测量结果

纤维种类	竹纤维	黄麻纤维	苎麻纤维	亚麻纤维	棉纤维	黏胶纤维	涤纶纤维
平均直径（μm）	15.38	12.46	28.21	12.49	17.21	19.97	19.41
标准差（μm）	3.487	2.719	5.188	2.730	3.255	2.247	1.004
变异系数（%）	22.94	22.17	18.44	21.86	19.22	11.31	5.14

测力法测量竹、黄麻 、亚麻、苎麻、黏胶、涤纶等单纤维的接触角，结果见表7-9。其中竹单纤维的接触角最小，为68.68°，涤纶纤维最大为73.18°，黄麻、苎麻、亚麻、棉纤维和黏胶等单纤维接触角分别为68.99°、69.60°、69.19°、70.01°、70.41°，与量角法测试结果规律基本一致。

表7-9　单纤维的测力法接触角测试结果　（单位：°）

纤维种类	样本数（个）	均值	标准差	极大值	极小值	均值的95%置信区间	
						下限	上限
竹纤维	18	68.68	5.13	59.78	76.35	66.12	71.23
黄麻纤维	18	68.99	5.84	56.71	76.65	66.09	71.89
苎麻纤维	18	69.60	3.82	63.76	76.73	67.71	71.50
亚麻纤维	18	69.19	3.27	62.01	75.33	67.57	70.81
棉纤维	18	70.01	3.79	63.93	77.03	68.12	71.89
黏胶纤维	18	70.41	3.45	63.95	77.96	68.70	72.13
涤纶纤维	18	73.18	2.51	68.74	77.08	71.93	74.43

从表7-9可以看出，测力法单纤维接触角测试结果在不同类别纤维间的差异性仍很小。为了解不同种类单纤维间的接触角是否有显著性差异，对测力法测量7种单纤维的接触角结果进行单因素方差分析，所得结果为表7-10～表7-12。表7-10是各组数据方差齐次性检验结果，由于表中计算Levene统计量，Sig.值为0.005，小于0.05，所以认为各组的方差不齐次，即采用测力法测量纤维接触角相对不稳定。表7-11所示是方差分析表，从表中数据可知，Sig.值为0.028小于0.05，即假设不成立，认为各组的均值有差异，即至少有一种纤维的接触角结果和其他纤维的接触角结果有显著性差异。

表7-10　测力法测量单纤维接触角的方差齐性检验

Levene 统计量	自由度1	自由度2	显著性Sig.
3.285	6	119	0.005

表7-11　测力法测量单纤维接触角的单因素方差分析

项目	平方和	自由度	均方	*F*值	显著性Sig.
组间	249.689	6	41.615	2.463	0.028
组内	2010.660	119	16.896		
总数	2260.349	125			

表7-12　测力法测量单纤维接触角多重比较的显著性Sig.值

纤维种类	竹纤维	黄麻纤维	苎麻纤维	亚麻纤维	棉纤维	黏胶纤维	涤纶纤维
竹纤维	1	0.820	0.500	0.709	0.334	0.208	0.001*
黄麻纤维		1	0.655	0.885	0.459	0.301	0.003*
苎麻纤维			1	0.763	0.769	0.556	0.010*
亚麻纤维				1	0.552	0.374	0.004*
棉纤维					1	0.767	0.022*
黏胶纤维						1	0.046*
涤纶纤维							1

注　*．均值差的显著性水平为0.05。

由表7-12的多重比较可知，竹、黄麻、苎麻、亚麻、棉和黏胶等纤维的单纤维接触角两两比较其Sig.值都远大于0.05，认为竹纤维、黄麻、苎麻和亚麻等六者间的单纤维接触角无显著性差异。竹、黄麻、苎麻、亚麻、棉和黏胶六种单纤维与涤纶纤维进行比较可知，其Sig.值都小于0.05，说明涤纶纤维与竹、黄麻、苎麻、亚麻、棉和黏胶的单纤维接触角有显著性差异。其中竹单纤维接触角最小，与黄麻、亚麻单纤维非常接近，说明植物纤维的表面接触角、亲水性能非常接近。

3. **两种方法的显著性、相关性及稳定性分析**

本节采用量角法和测力法两种方法测量竹纤维、黄麻、苎麻、亚麻、棉、黏胶和涤纶等单纤维接触角，其中量角法测得静态接触角，其重现性和测定精度与测定仪器的滴定系统、CCD观测捕捉系统相关；测力法为动态接触角测定方法，需测定单根纤维直径并计算其润湿周长，接触角测定值的重现性和测定精度与测定仪器的天平灵敏度及纤维浸润周长有关。

（1）量角法与测力法测试结果的显著性分析。根据量角法和测力法测试竹、黄麻、苎麻、亚麻、棉、黏胶和涤纶等单纤维的接触角，采用独立样本t检验法对两种测定方法分别测得的两组数据进行分析，判断测定方法间是否有显著性差异。首先采用F检验对两组数据进行方差齐性检验，置信度（双测）a=0.05，若计算P值> 0.05，则方差齐次，反之不齐次，根据方差是否齐次，选择相应的t假设检验，并按置信度（双侧）a=0.05 水准计算P值，结果见表7–13。

由表7–13可知P值均大于0.05，说明两组数据没有显著性差异，即量角法和测力法测量单纤维接触角结果无显著性差异。

表7–13　单纤维的量角法与测力法接触角测定结果的独立两样本t检验

项目	竹纤维	黄麻纤维	亚麻纤维	苎麻纤维	棉纤维	黏胶纤维	涤纶纤维
方差齐性	不齐次	不齐次	齐次	不齐次	齐次	不齐次	齐次
P（双侧）	0.937	0.906	0.970	0.276	0.507	0.494	0.933

（2）量角法与测力法测试结果的相关性分析。对量角法和测力法测量竹、黄麻、苎麻、亚麻、棉、黏胶和涤纶等单纤维的接触角数据进行相关性分析，分析结果列于表7–14中，所示的是相关系数及其显著性检验结果，其相关系数为0.964，相关系数的Sig.为0.000<0.01，相关系数用“**”标记，说明量角法和测力法测量不同单纤维接触角的相关性是显著的。

表7–14　单纤维的量角法与测力法接触角测定结果的相关性分析

项目		量角法测定接触角结果	测力法测定接触角结果
量角法测定接触角结果	相关系数	1.000	0.964**
	Sig.（双侧）	.	0.000
	N	7	7
测力法测定接触角结果	相关系数		1.000
	Sig.（双侧）		.
	N		7

注　*. 在置信度（双测）为 0.05 时，相关性是显著的。

（3）量角法与测力法测试结果的稳定性分析。图7–4中分别列出了量角法和测力法测量竹、黄麻、苎麻、亚麻、棉、黏胶和涤纶等单纤维接触角测量结果的六个统计量：最大值、上四分位数、中位数、均值、下四分位数、最小值，从中可粗略看出数据分布的离散程度。

由图7–4可知，量角法单纤维接触角测量值和测力法测定结果非常接近，但测力法测定单纤维接触角结果的变异系数均大于量角法，说明测力法单纤维接触角测定结果的离散程度大于量角法，量角法接触角的测量结果重现性好。

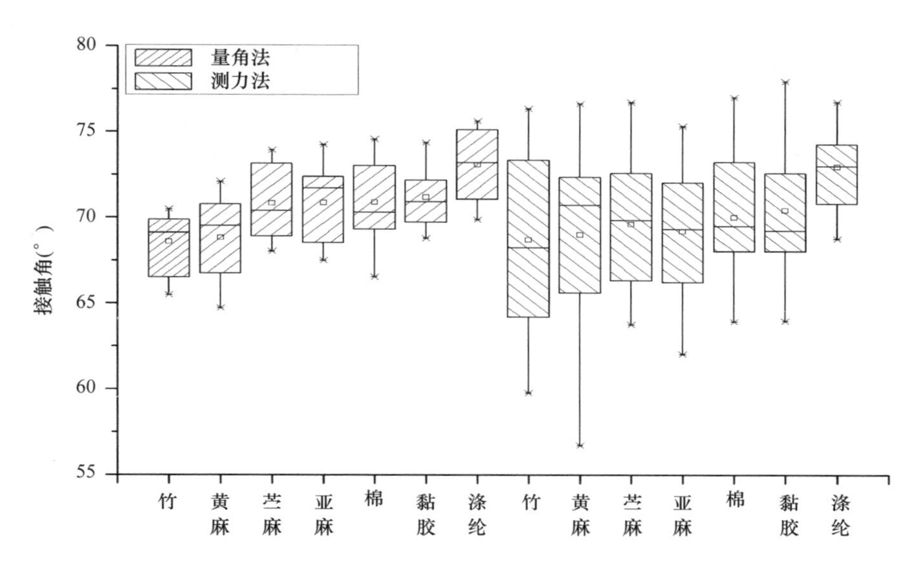

图7-4　量角法和测力法测量单纤维接触角结果的箱形图

图7-4可以看出，用量角法测量时，竹单纤维接触角测量结果的分散程度比涤纶纤维小；用测力法测量时，竹单纤维接触角分布相对分散，且竹纤维直径变异系数最大，而涤纶纤维接触角分布较集中，且涤纶纤维直径变异系数最小，均匀性好，这说明纤维直径的变异性对测力法测量单纤维接触角有一定的影响。

二、竹纤维表面能的计算

表面能是分子间力的一种直接体现，液体或固体表面分子受到不平衡的分子间力的影响，与内部分子比较，具有附加的能量。Young's方程描述了气、液、固三相交界中的固体表面能r_S、液体表面能r_L、固—液界面自由能r_{SL}、固体表面膜压π^0以及接触角θ之间的关系。膜压π^0可以忽略不计，即杨氏方程变为公式（7-5）。固体或者液体的表面能包括Lifshitz-van der Waals分量r^{LW}，Lewis酸分量r^+和Lewis碱分量r^-通过测定固体表面与已知r_L^{LW}，r_L^+和r_L^-的3种液体之间的接触角，再根据固—液界面自由能与固体和液体各自的表面能的关系，如公式（7-6）所示，就可得到固体的表面能参数（r_S^{LW}，r_S^+和r_S^-）。

$$r_S=r_S^{LW}+2\sqrt{r_S^+ r_S^-} \quad (7-5)$$

$$(1+\cos\theta)\,r_L=2\left(\sqrt{r_S^{LW}r_L^{LW}}+\sqrt{r_S^+ r_L^-}+\sqrt{r_S^- r_L^+}\right) \quad (7-6)$$

本实验选用的测试液体为水、二碘甲烷和甲酰胺，三种液体的表面能参数如表7-15所示。量角法测量7种纤维集合体的接触角结果如表7-16所示。

表7-15　检测液体的表面能参数　［单位：r/（$mJ \cdot m^{-2}$）］

检测液体	r_L	r_L^{LW}	r_L^+	r_L^-
水	72.8	21.8	25.5	25.55
二碘甲烷	50.8	50.8	0	0
甲酰胺	58.0	39.0	2.28	39.6

表7-16　量角法测量测试液体在单纤维集合体表面的接触角结果　（单位：°）

纤维集合体	水	二碘甲烷	甲酰胺
竹纤维	55.82	44.37	48.15
黄麻纤维	66.52	47.33	56.86
苎麻纤维	68.85	51.6	60.29
亚麻纤维	69.14	50.2	58.53
黏胶纤维	68.54	48.3	60.08
棉纤维	69.81	51.6	60.48
涤纶纤维	77.58	61.23	69.29

根据表7-15、表7-16和公式（7-6）计算得到7种材料的表面能，如表7-17所示。

表7-17　单纤维集合体的表面能参数　［单位：r/（$mJ \cdot m^{-2}$）］

纤维集合体		竹纤维	黄麻纤维	苎麻纤维	亚麻纤维	黏胶纤维	棉纤维	涤纶纤维
表面能参数	r_S	41.84	37.22	34.54	35.84	36.14	34.51	28.66
	r_S^{LW}	37.35	35.75	33.38	34.16	35.21	33.38	27.64
	r_S^+	0.22	0.03	0.018	0.04	0.012	0.018	0.045
	r_S^-	22.95	17.95	18.54	17.72	17.98	17.69	11.38

从表7-17中7种材料表面能参数的数据可知，竹纤维集合体的表面能最高，其次为黄麻纤维、黏胶纤维、亚麻纤维、苎麻纤维、棉纤维，涤纶的表面能最低，这主要是因为竹纤维除纤维素成分外，还含有半纤维素、木质素等亲水性的伴生物，而涤纶分子中除存在两个端醇羟基外，并无其他极性基团，因而涤纶纤维表面自由能低。竹纤维集合体的表面接触角最小，涤纶纤维的接触角最大，进一步说明材料表面的接触角越小，浸润性越好，表面自由能高。

第四节　竹单纤维、束纤维及纤维集合体的亲水性能

第三节的研究结果表明竹单纤维具有良好的亲水性能，但竹单纤维极短，长度无法满

足传统纺织工艺的要求。除造纸用途外，目前纺织上采用的是未完全脱胶的竹纤维束，由几根甚至十几根竹单纤维组成的30mm以上长纤维（竹束纤维）才能满足纺纱的要求，又称竹工艺纤维，因此了解竹束纤维的亲水性能可为竹材的纺织加工利用提供帮助。

纺织品均可视为由纤维、纱线组成的集合体，如纱线、织物都是纤维集合体的常见形态。纤维集合体是由大量的单（束）纤维通过一定的聚集形态、密度、排列方式形成的具有一定空间几何结构的集合体。纤维集合体的亲水性能在很大程度上决定了纺织产品的使用性能及用途。

本节主要研究竹束纤维、竹纤维集合体的亲水性，以接触角作为亲水性的评价指标之一，以吸放湿性能作为纤维集合体的相关评价指标，系统地从单纤维、束纤维到纤维集合体三个层面研究竹纤维的亲水性能，并与其他纺织纤维进行比较，为研究竹纤维亲水性能的特点提供依据。

一、竹束纤维的接触角测量

1. 束纤维接触角测试结果

在竹单纤维接触角测量的基础上，采用量角法测试竹束纤维、黄麻束纤维和亚麻束纤维接触角。为了比较束纤维粗细对接触角的影响，制备了粗竹束和细竹束纤维，束纤维直径测量结果列于表7-18，四种束纤维接触角测试结果如表7-19所示。

表7-18　束纤维直径测量结果

纤维种类	细竹束纤维	黄麻束纤维	亚麻束纤维	粗竹束纤维
平均直径（μm）	47.77	31.35	33.94	57.05
标准差（μm）	15.97	8.013	6.73	15.61
变异系数（%）	33.42	25.62	19.82	27.39

表7-19　束纤维接触角（量角法）的测量结果　（单位：°）

纤维种类	样本数（个）	均值	标准差	均值的95%置信区间		极小值	极大值
				下限	上限		
细竹束纤维	15	66.11	2.81	64.56	67.67	62.32	72.45
黄麻束纤维	15	66.62	2.74	65.11	68.14	62.51	72.50
亚麻束纤维	15	65.67	2.05	64.54	66.81	62.70	68.51
粗竹束纤维	15	64.85	2.17	63.65	66.05	61.60	68.32

从表7-19可以看出，细竹束纤维、黄麻束纤维、亚麻束纤维和粗竹束纤维的接触角相差不大，最大为黄麻束纤维66.62°，最小为粗竹束纤维接触角64.85°；且测试结果的离

散程度小，数据稳定、重现性好。

2. 束纤维接触角测试结果的单因素分析

表7-20　束纤维接触角（量角法）测量结果的方差齐性检验

实验方法	Levene 统计量	自由度1	自由度2	显著性Sig.
量角法	0.427	3	56	0.735

表7-21　束纤维接触角（量角法）测量结果的单因素方差分析

项目	平方和	自由度	均方	F值	显著性Sig.
组间	25.379	3	8.460	1.393	0.255
组内	340.172	56	6.075		
总数	365.551	59			

对量角法测量的4种束纤维接触角结果进行单因素方差分析，所得结果列于表7-20、表7-21和表7-22。

表7-20中的Sig.值大于0.05，所以认为各组的方差齐次；表7-21中的方差分析Sig.也大于0.05，故假设成立，认为各组的均值无差异，即4种纤维束的接触角测量结果无显著性差异；表7-22所示的束纤维接触角结果多重比较的Sig.值均大于0.05，说明细竹束纤维、黄麻束纤维、亚麻束纤维、粗竹束纤维的接触角相互间均无显著性差异。

表7-22　束纤维接触角（量角法）测量结果多重比较的显著性Sig.值

纤维种类	细竹束纤维	黄麻束纤维	亚麻束纤维	粗竹束纤维
细竹束纤维	1	0.574	0.626	0.166
黄麻束纤维		1	0.296	0.054
亚麻束纤维			1	0.365
粗竹束纤维				1

注　* 均值差的显著性水平为 0.05。

此外，也采用测力法对4种束纤维的接触角进行了测量。分别对量角法和测力法两种测量方法的测试结果采用独立样本t检验法和相关性分析。独立样本t检验的P（双侧）值均大于0.05，说明量角法和测力法测量束纤维接触角结果无显著性差异；且量角法和测力法测量结果的相关性分析$P=0.0086<0.05$、相关系数$R^2=0.974$，表明两种测量方法的相关性是显著的。所以，采用量角法和测力法测量束纤维的接触角，两种方法测量结果无显著

性差异，且两者显著相关，验证了第三节的结论。

总之，竹束纤维、黄麻束纤维和亚麻束纤维的接触角无显著性差异，竹纤维、黄麻纤维和亚麻纤维的单纤维接触角无显著性差异，说明植物纤维的表面接触角、亲水性能非常接近；细竹束纤维和粗竹束纤维的接触角也无显著性差异，这说明同种纤维条件下，纤维束细度对其亲水性能影响不大。

二、纤维集合体的亲水性能

本节以接触角、回潮率、保水率和干燥速度为指标评价纤维集合体的亲水性能，并对结果进行相关性分析。

1. 纤维集合体的接触角

采用量角法测量了7种单纤维集合体和4种束纤维集合体的表面接触角，接触角测试结果如表7-23所示。可以看出竹单纤维集合体的接触角最小，为59.12°，说明竹单纤维集合体的浸润性能最好，黄麻、苎麻、亚麻、黏胶和棉纤维的单纤维集合体接触角相差不大，而非亲水性涤纶纤维集合体的表面接触角最大；对于束纤维集合体来说，细竹束纤维、粗竹束纤维和亚麻束纤维的接触角接近。

表7-23　纤维集合体的接触角测试结果　（单位：°）

纤维集合体种类		样本数（个）	均值	标准差	均值的95%置信区间		极小值	极大值
					下限	上限		
单纤维	竹纤维	13	59.12	3.22	57.17	61.06	54.10	64.40
	黄麻纤维	13	67.78	2.83	66.08	69.49	63.80	72.20
	苎麻纤维	13	68.87	1.42	68.01	69.72	66.20	70.40
	亚麻纤维	13	69.92	3.03	68.09	71.75	65.90	74.60
	棉纤维	13	68.56	2.99	66.76	70.37	63.10	74.30
	黏胶纤维	13	68.79	3.59	66.62	70.96	64.30	75.00
	涤纶纤维	13	80.11	2.74	78.45	81.77	75.30	83.80
束纤维	细竹纤维	13	66.44	3.39	64.39	68.48	61.20	70.20
	黄麻纤维	13	74.01	2.08	72.75	75.26	68.50	76.30
	亚麻纤维	13	66.01	2.86	64.28	67.73	60.80	69.80
	粗竹纤维	13	64.02	2.20	62.69	65.36	60.20	66.90

为了解不同种类纤维集合体间的接触角是否有显著性差异，对7种单纤维集合体和4种束纤维集合体的接触角测量结果分别进行单因素方差分析，结果如表7-24、表7-25、表7-26和表7-27所示。由方差齐性和单因素方差分析的显著性Sig.值均小于0.05可知，单纤

维集合体间、束纤维集合体间都至少有一种纤维集合体的接触角与其他种类纤维集合体的接触角有显著性差异。

表7-24　纤维集合体接触角测试结果的方差齐性检验

种类	Levene 统计量	自由度1	自由度2	显著性Sig.
单纤维集合体	1.810	6	84	0.107
束纤维集合体	2.813	3	48	0.049

表7-25　纤维集合体接触角测试结果的单因素方差分析

种类		平方和	自由度	均方	F值	显著性
单纤维集合体	组间	2907.642	6	484.607	57.576	0.000
	组内	707.014	84	8.417		
	总数	3614.656	90			
束纤维集合体	组间	750.568	3	250.189	34.751	0.000
	组内	345.572	48	7.199		
	总数	1096.141	51			

表7-26　单纤维集合体接触角测量结果多重比较的显著性Sig. 值

单纤维集合体	竹纤维	黄麻纤维	苎麻纤维	亚麻纤维	棉纤维	黏胶纤维	涤纶纤维
竹纤维	1	0.000*	0.000*	0.000*	0.000*	0.000*	0.000*
黄麻纤维		1	0.343	0. 497	0. 378	0. 064	0.000*
苎麻纤维			1	0. 788	0. 946	0. 357	0.000*
亚麻纤维				1	0. 840	0. 323	0.000*
棉纤维					1	0. 235	0.000*
黏胶纤维						1	0.000*
涤纶纤维							1

表7-27　束纤维集合体接触角测量结果多重比较的显著性Sig. 值

束纤维集合体	竹束纤维	黄麻束纤维	亚麻束纤维	粗竹束纤维
细竹束纤维	1	0.000*	0.684	0.026*
黄麻束纤维		1	0.000*	0.000*
亚麻束纤维			1	0.065
粗竹束纤维				1

由表7–26多重比较的Sig.值可知：竹单纤维集合体与黄麻、苎麻、亚麻等其他6种单纤维集合体的接触角有显著性差异，且竹单纤维集合体的接触角最小，说明竹单纤维集合体表面的浸润性最好；涤纶纤维集合体与竹、黄麻、苎麻等其他6种单纤维集合体的接触角有显著性差异，且涤纶纤维集合体接触角最大，说明涤纶纤维集合体表面的亲水性最差，与涤纶本身的非亲水性质有关；黄麻、苎麻、亚麻、棉和黏胶的单纤维集合体接触角无显著性差异。表7–27的多重比较表明：细竹束纤维集合体的接触角测量结果与黄麻束纤维、粗竹束纤维集合体接触角有显著性差异，与亚麻束纤维集合体的接触角无显著性差异；黄麻束纤维集合体与亚麻束纤维、竹束纤维集合体有显著性差异。

以上分析表明：竹纤维、黄麻纤维、亚麻纤维的单纤维集合体的表面接触角相互间有显著性差异，而竹单纤维、黄麻单纤维、亚麻单纤维的接触角相互间没有显著性差异，这说明集合体的结构增加了更多的孔洞，有助于纤维表面的浸润性能，也使不同纤维间的接触角产生更大的差异；竹束纤维和亚麻束纤维的纤维集合体接触角与黄麻束纤维集合体的接触角有显著性差异，但三种束纤维的接触角相互间没有显著性差异，同理说明以上结论；细竹束纤维和粗竹束纤维的集合体接触角有显著性差异，但细竹束纤维和粗竹束纤维的接触角无显著性差异，这说明同种纤维条件下，除了集合体的结构影响纤维集合体表面的浸润性能，束纤维细度也影响束纤维集合体表面的浸润性能，主要是其含有的胶质多，使其集合体表面浸润性能提高。

2. 纤维集合体的回潮率

表7–28为7种单纤维集合体的标准回潮率测试结果。竹纤维的回潮率接近于黄麻纤维和黏胶纤维，高于苎麻纤维、亚麻纤维和棉纤维，远高于涤纶纤维，说明竹纤维具有良好的吸湿能力。

表7–28 单纤维集合体的标准回潮率测试结果 （单位：%）

单纤维集合体	竹纤维	黄麻纤维	苎麻纤维	亚麻纤维	棉纤维	黏胶纤维	涤纶纤维
均值	12.70	13.26	7.36	8.95	8.44	12.93	0.18
标准差	0.34	0.21	0.08	0.16	0.59	0.15	0.02

3. 纤维集合体的保水率

表7–29所示为7种单纤维集合体的保水率测试结果。竹纤维的保水率与黏胶纤维接近，高于麻和棉纤维；非亲水性涤纶纤维的保水率最低，为9.124%。说明竹纤维具有一定的保水能力，服用时可以保证人体对水分的调节与补充作用，具有干爽舒适感，但保水率不能过高。竹纤维保水率在以上纤维中最大。

表7-29　单纤维集合体的保水率测试结果　（单位：%）

单纤维集合体	竹纤维	黄麻纤维	苎麻纤维	亚麻纤维	棉纤维	黏胶纤维	涤纶纤维
均值	69.13	54.96	28.51	48.84	43.76	65.81	9.12
标准差	4.16	2.92	0.73	3.07	0.82	2.77	0.90

4. 纤维集合体的干燥速度

对7种单纤维集合体的干燥速率进行测试，得到纤维集合体的剩余水分百分率随时间变化的规律，图7-5中7种单纤维的剩余水分百分率在0～60min左右为匀速递减，取7种纤维集合体干燥曲线上此阶段斜率为干燥速率，具体结果列于表7-30中。从表7-30和图7-5可知：涤纶纤维为非亲水性纤维，其干燥速度最快；亲水性的棉纤维干燥速度最慢，可能与其纤维皱缩、不光滑有关；而竹纤维的放湿速率与苎麻、黄麻和亚麻的接近，之后稍稍低于麻纤维，但比黏胶和棉纤维快。这说明在相同温湿度条件下，竹纤维和麻纤维干燥速度是比较快的，当人们穿着由竹纤维或麻纤维制成的服装时，其湿舒适性要优于黏胶和棉纤维。竹纤维回潮率、保水率很高，然而干燥速度却并不慢，这是其独特的性能特点。原因可能与其极细的单纤维细度有较大的干燥面积有关。

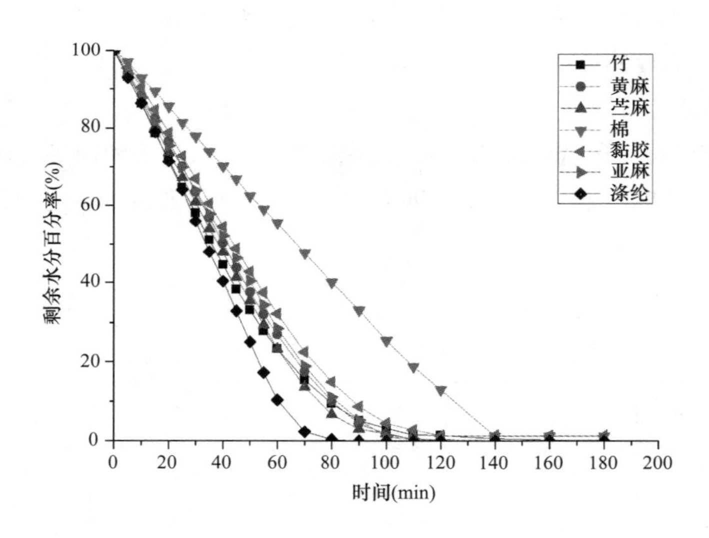

图7-5　单纤维集合体的干燥曲线

表7-30　单纤维集合体的干燥速率

单纤维集合体	竹纤维	黄麻纤维	苎麻纤维	亚麻纤维	黏胶纤维	棉纤维	涤纶纤维
干燥速率（%/min）	1.31	1.25	1.29	1.19	1.16	0.75	1.51

总的来说，竹纤维具有较好的吸放湿能力，干燥速度也较快，其湿舒适性与麻接近。

5. 四项指标间的相关性分析

表7-31　亲水性测试结果中四项指标间的相关性分析

项目		接触角	干燥速度	回潮率	保水率
接触角	相关系数	1	0.222	–0.838*	–0.848*
	显著性（双侧）		0.632	0.019	0.016
	N		7	7	7
干燥速度	相关系数		1	–0.338	–0.334
	显著性（双侧）			0.458	0.465
	N			7	7
回潮率	相关系数			1	0.947**
	显著性（双侧）				0.001
	N				7
保水率	相关系数				1
	显著性（双侧）				
	N				7

注　*. 在 0.05 水平（双侧）上显著相关；
　　**. 在 0.01 水平（双侧）上显著相关。

对7种单纤维集合体亲水性能的四项指标测试结果进行了相关性分析，分析结果列于表7–31中。结果表明纤维集合体的接触角与回潮率、保水率呈负相关，回潮率与保水率呈正相关，说明纤维集合体的接触角越小，亲水性越好，材料的回潮率与保水率就越高；回潮率越高的材料保水率也越高。因此表面接触角与回潮率、保水率等指标间有一定的关联性，接触角的测试结果可以在一定程度上比较两种材料的亲水性（其他条件相同的情况下）。

三、单纤维、束纤维及纤维集合体的亲水性能比较

本节进行了单纤维和单纤维集合体接触角结果的比较，单纤维、束纤维和束纤维集合体接触角结果的比较。单纤维、束纤维和单纤维集合体、束纤维集合体的接触角测量结果（均值）列于表7–32中。

表7–32　单纤维、束纤维及纤维集合体平均接触角的比较　（单位：°）

种类	竹纤维	黄麻纤维	亚麻纤维	苎麻纤维	黏胶纤维	棉纤维	涤纶纤维
单纤维	68.57	68.80	70.86	70.83	71.19	70.87	73.08
束纤维	66.11	66.62	65.67	—	—	—	—
单纤维集合体	59.12	67.78	68.79	68.87	68.56	69.92	80.11
束纤维集合体	66.44	74.01	66.01	—	—	—	—

1. 单纤维与单纤维集合体的亲水性能

图7–6所示的是7种纤维的单纤维和单纤维集合体的接触角，可见竹纤维、黄麻纤维、苎麻纤维、亚麻纤维、黏胶纤维、棉纤维的单纤维集合体接触角比单纤维接触角均有不同程度的减小，竹纤维的减小幅度最大；而非亲水性的涤纶纤维集合体接触角比单纤维接触角增大，这说明集合体的结构可以让纤维间的差异放大，从单纤维到单纤维集合体，亲水性纤维的亲水性更好，非亲水性纤维的亲水性更差。

为了解7种单纤维接触角和各自单纤维集合体接触角是否存在显著性差异，对两组数据采用独立样本t检验，结果如表7–33所示。可知：竹纤维、苎麻纤维、黏胶纤维和涤纶纤维的单纤维接触角与各自单纤维集合体的接触角有显著性差异，黄麻纤维、亚麻纤维和棉纤维的单纤维接触角与其单纤维集合体的接触角无显著性差异。本章第三节的结果表明，竹单纤维接触角与黄麻、亚麻单纤维的接触角无显著性差异，与其他四种单纤维接触角有显著性差异；此研究结果表明，竹单纤维集合体接触角与黄麻、苎麻、亚麻等其他6种单纤维集合体的接触角都有显著性差异。因此竹纤维的亲水性能在单纤维状态下与黄麻、亚麻单纤维的亲水性相近，而到单纤维集合体状态，竹纤维集合体的亲水性明显优于黄麻、亚麻等纤维集合体的亲水性。

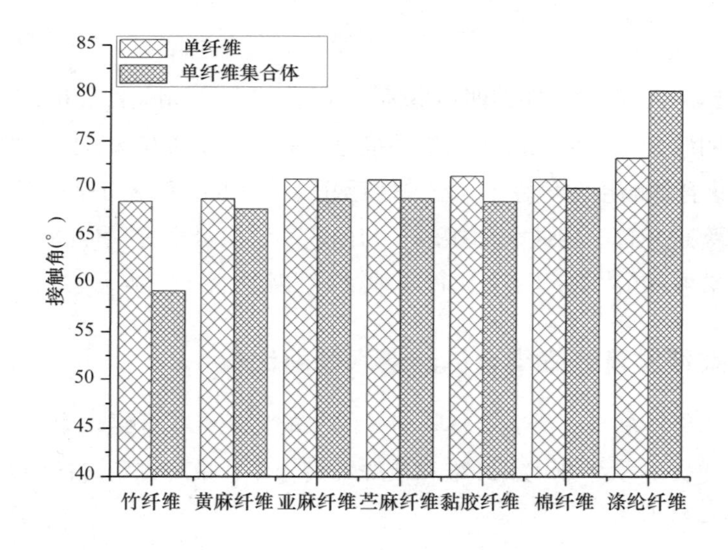

图7–6 单纤维、单纤维集合体的接触角比较

表7–33 单纤维、单纤维集合体的接触角结果独立两样本t检验结果

项目	竹纤维	黄麻纤维	苎麻纤维	亚麻纤维	黏胶纤维	棉纤维	涤纶纤维
方差齐性	不齐次	齐次	齐次	齐次	齐次	不齐次	齐次
P（双侧）	0.000	0.358	0.027	0.407	0.016	0.416	0.000

2. 单纤维、束纤维与束纤维集合体的亲水性能

图7–7所示为竹纤维、黄麻纤维和亚麻纤维在三种状态下的接触角，可知：竹纤维、黄麻纤维和亚麻纤维在三种状态下，单纤维接触角最大，其次为束纤维集合体和束纤维的接触角（黄麻除外）。

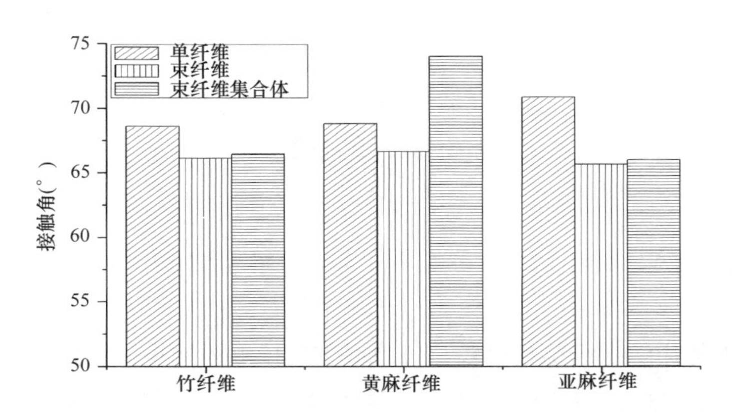

图7–7　单纤维、束纤维及束纤维集合体的接触角比较

对单纤维接触角和束纤维接触角两组数据以及束纤维接触角和束纤维集合体接触角两组数据分别进行独立样本t检验，结果如表7–34、表7–35所示。结果表明，竹纤维、黄麻纤维和亚麻纤维的单纤维接触角分别与其束纤维接触角有显著性差异，但竹单纤维接触角与黄麻、亚麻单纤维的接触角无显著性差异，竹束纤维接触角与黄麻、亚麻束纤维接触角也无显著性差异，说明结构的作用大于材料的影响（在材料非常接近的情况下）。竹纤维和亚麻纤维的束纤维接触角分别与其束纤维集合体接触角无显著性差异，从单纤维、束纤维到束纤维集合体，竹纤维和亚麻纤维的接触角变化较大，且规律相似，都是束纤维和束纤维集合体的亲水性能最好，而黄麻束纤维集合体的亲水性能相对其单纤维和束纤维的亲水性能变差，或许与黄麻纤维本身的大中腔、纤维集合体内过大的孔隙有关。

表7–34　单纤维和束纤维接触角的独立两样本t检验结果

项目	竹纤维	黄麻纤维	亚麻纤维
方差齐性	齐次	齐次	齐次
P（双侧）	0.018	0.046	0.000

表7–35　束纤维和束纤维集合体接触角的独立两样本t检验结果

项目	竹纤维	黄麻纤维	亚麻纤维
方差齐性	不齐次	不齐次	齐次
P（双侧）	0.235	0.000	0.193

综上所述，从单纤维到单纤维集合体，竹纤维的亲水性能提高；从单纤维、束纤维到束纤维集合体，竹纤维和亚麻纤维的亲水性能变化较大，且规律相似，都是束纤维和束纤维集合体的亲水性能最好；单纤维状态时，竹单纤维的亲水性能最好；单纤维集合体状态时，竹纤维集合体表面的亲水性能最好；束纤维状态、束纤维集合体状态时，竹纤维和亚麻纤维及其集合体的亲水性能相近且最好。

本章小结

本章研究了竹单纤维、束纤维和纤维集合体的亲水性能及结构因素对纤维集合体的亲水性能的影响，结论如下：

（1）几种常用纺织纤维相比较，竹单纤维的接触角最小，但是与亚麻、黄麻等纤维的接触角结果没有显著性差异。亲水性纤维间的接触角差异较小。

（2）竹纤维的表面能大，接触角小，因此亲水性好。在其他因素相同的情况下，接触角可用于表征材料的亲水性能。

（3）从单纤维—单纤维集合体、单纤维—束纤维—束纤维集合体的过程中，接触角越来越小，而且纤维间接触角的差异越来越大，表现在竹单纤维集合体与亚麻、黄麻等单纤维集合体的接触角结果有显著性差异。说明结构因素能够放大纤维间亲水性能的差异。

（4）竹纤维接触角小、浸润速度快、水分传导能力强、回潮率高、保水率大，然而干燥速度却比较快，说明竹纤维吸湿和解吸能力均较强。

本章参考文献

[1] 胡淑芬. 竹纤维及其集合体的亲水，导水性能研究 [D]. 北京：北京服装学院，2015.

[2] Kissa E. Wetting and wicking [J]. Textile Research Journal，1996，66（10）：660-668.

[3] Quéré D. Rough ideas on wetting [J]. Physica A：Statistical Mechanics and its Applications，2002，313（1）：32-46.

[4] 宋世谟，王正烈，李文斌. 物理化学：下册 [M]. 北京：北京高等教育出版社，1995：145-146.

[5] Tavana H，Simon F，Grundke K，et al. Interpretation of contact angle measurements on two different fluoropolymers for the determination of solid surface tension [J]. Journal of

colloid and interface science，2005，291（2）：497–506.
[6] Aranberri–Askargorta I，Lampke T，Bismarck A. Wetting behavior of flax fibers as reinforcement for polypropylene [J]. Journal of colloid and interface science，2003，263（2）：580–589.
[7] Le C V，Ly N G，Stevens M G. Measuring the contact angles of liquid droplets on wool fibers and determining surface energy components [J]. Textile Research Journal，1996，66（6）：389–397.
[8] Miller B，Young R A. Methodology for studying the wettability of filaments [J]. Textile Research Journal，1975，45（5）：359–365.
[9] 于伟东. 涤纶等离子体表面改性及粘结性研究 [J]. 中国纺织大学学报，1994，20（1）：65–71.
[10] Byrne K M，Roberts M W，Ross J R H. The Critical Surface Tension of Wool [J]. Textile Research Journal，1979，49（1）：34–40.
[11] Kamath Y K，Dansizer C J，Hornby S，et al. Surface wettability scanning of long filaments by a liquid membrane method [J]. Textile Research Journal，1987，57（4）：205–213.
[12] Ward T L，Benerito R R. Testing based on wettability to differentiate washed and unwashed cotton fibers [J]. Textile Research Journal，1985，55（1）：40–45.
[13] Schick，Martin J. Surface Characterization of Fibers and Textiles [M]. New York：M. Dekker，1977.
[14] 丁晓峰，管蓉，陈沛智. 接触角测量技术的最新进展 [J]. 理化检验：物理分册，2008，44（2）：84–89.
[15] Young T. An essay on the cohesion of fluids [J]. Philosophical Transactions of the Royal Society of London，1805，95：65–87.
[16] Yamaki J I，Katayama Y. New method of determining contact angle between monofilament and liquid [J]. Journal of Applied Polymer Science，1975，19（10）：2897–2909.
[17] Carroll B J. The accurate measurement of contact angle，phase contact areas，drop volume，and Laplace excess pressure in drop–on–fiber systems [J]. Journal of colloid and interface science，1976，57（3）：488–495.
[18] 肖红. 木棉纤维结构和性能及其集合体的浸润与浮力特征研究 [D]. 上海：东华大学，2005.
[19] 于伟东. 纺织材料学 [M]. 北京：中国纺织出版社，2006.
[20] 王其，冯勋伟. 织物液态水传导测试方法研究 [J]. 北京纺织，2001，22（5）：48–51.

[21] 裘愉发. 纤维的亲水性能及亲水性的检测 [J]. 江苏丝绸，2011（1）：12–15.
[22] 王丽萍，李创. 棉纤维回潮率及保水率测试实验误差理论分析 [J]. 中国棉花加工，2006（2）：34–36.
[23] 肖红，施楣梧，于伟东. 基于力分析的纤维浸润性能测试方法 [J]. 材料科学与工艺，2007，15（6）：851–857.
[24] 吴欲兵，庄燕，柳潇潇，等. 基于力分析法测试碳纤维接触角研究 [J]. 江苏纺织，2014（9）：47–48.
[25] 程海涛，王戈，谌晓梦，等. 光学法和力学法测定单根纤维接触角及相关性分析 [J]. 林产工业，2013（1）：49–51.
[26] 陈红，王戈，程海涛. 光学法测量单根纤维接触角的影响因素 [J]. 南京林业大学学报：自然科学版，2012，36（5）：129–132.
[27] 谌晓梦，王戈，程海涛，等. 用力学法测定几种植物单根纤维接触角 [J]. 中南林业科技大学学报，2011，31（4）：192–195.
[28] 王晖，顾帼华，邱冠周. 接触角法测量高分子材料的表面能 [J]. 中南大学学报：自然科学版，2006，37（5）：942–947.
[29] 江泽慧，陈复明，王戈，等. 基于动态接触角分析的竹纤维表面能表征 [J]. 北京林业大学学报，2013，35（3）：143–148.
[30] Miller B，Clark D B. Liquid Transport Through Fabrics; Wetting and Steady–State Flow Part I：A New Experimental Approach [J]. Textile Research Journal，1978，48（3）：150–155.
[31] Miller B，Tyomkin I. Spontaneous transplanar uptake of liquids by fabrics [J]. Textile Research Journal，1984，54（11）：706–712.
[32] Hsieh Y L. Reply to "Comments on 'Liquid Wetting，Transport，and Retention Properties of Fibrous Assemblies'" [J]. Textile Research Journal，1994，64（1）：57–59.
[33] Kim S H，Lee J H，Lim D Y，et al. Dependence of sorption properties of fibrous assemblies on their fabrication and material characteristics [J]. Textile Research Journal，2003，73（5）：455–460.
[34] 孙慕瑾，胡宝蓉，罗爱琴. 动态毛吸法测定纤维及粉末料的接触角研究 [J]. 复合材料学报，1989，6（3）：5–10.
[35] 钟闻，丁辛，唐志廉. 纤维集合体内液体浸润的统计力学模型 [J]. 物理化学学报，2001，17（8）：682–686.
[36] 王亚光，王华平，王朝生，等. 纤维集合体吸湿及导湿性能的计算机模拟 [J]. 纺织学报，2008，29（5）：117–121.

[37] 戴杜雁，黄文敏，徐红梅. 关于纤维集合体干燥速率的研究［J］. 纺织学报，1989，10（06）：4-7.

[38] Shalel-Levanon S，Marmur A. Validity and accuracy in evaluating surface tension of solids by additive approaches［J］. Journal of colloid and interface science，2003，262（2）：489-499.

第八章　竹纤维其他理化性能

除力学性能、亲水性能外，竹纤维的热学性能、密度等也对其应用有很大影响，特别是抗菌性是商家对竹纤维宣传的亮点之一，也是企业、消费者关注的对象。

第一节　竹纤维的密度

密度是纤维物理结构与化学组成的综合反映。密度梯度法是测定各种纤维密度的有效方法之一，同时也可利用测得的密度计算材料的结晶度。

一、纤维密度的研究方法

参照FZ/T 01057.9–1999纺织纤维鉴别方法——密度梯度法对竹纤维及其他几种常用纺织纤维进行测试。

仪器：中国纺织科学研究院生产的MD–01型密度测定仪，上海安亭科学仪器厂生产的TDL–16B型高速离心机，上海树立仪器仪表有限公司的ZKXFB–2型真空干燥箱。

测试用试剂：四氯化碳（重液），正庚烷（轻液），丙酮。

测试条件：试验在（25 ± 0.5）℃的恒温水浴槽内进行，密度小球的密度范围在1.478 ~ 1.596 g/cm^{3}之间，纤维试样必须绝对干燥（干燥器皿中存放），离心机转速：2000r/min，真空烘箱设定温度：60℃。

测试结果：纤维密度ρ（g/cm^3），并依据公式$Xc = \rho_c(\rho - \rho_a)/\rho(\rho_c - \rho_a)$计算纤维的结晶度。

其中：Xc为密度法计算的纤维的质量结晶度，ρ_c为结晶区密度（天然纤维素1.592g/cm^3，再生纤维素1.583g/cm^3），ρ_a为无序区密度（1.455 g/cm^3），ρ为纤维测试密度。

二、竹纤维密度分析

本章以第五章竹纤维为测试对象。几种纤维密度的测试结果及由密度计算得到的结晶度见表8–1。

表8–1表明竹纤维的密度与黄麻纤维接近，小于棉、苎麻和亚麻纤维的密度，甚至小于黏胶纤维的密度。

表8-1　几种纤维的密度测试结果及结晶度

指标	苎麻纤维	亚麻纤维	黄麻纤维	竹纤维	棉纤维	黏胶纤维
密度（g/cm³）	1.544	1.527	1.454	1.484	1.54	1.50
结晶度（%）	67.0	54.8	—	—	64.1	37.1
X衍射法计算结晶度（%）	72.0	67.4	53.8	52.5	64.4	31.6

天然纤维的密度一方面是纤维中占主要成分的纤维素大分子结晶度的宏观表现，另一方面也是天然纤维中多种混合物的共同结果，因此其密度大小也与该纤维中各组成物质的比例有关。像棉花这样较纯净的纤维素大分子的密度在1.54g/cm³左右，而竹纤维、黄麻纤维和亚麻纤维的密度都小于该数值，这与其中呈无定形的半纤维素、木质素含量有很大关系，因此韧皮纤维与竹纤维的密度与其脱胶工艺有着密切的关系，随着脱胶程度的加剧，其纤维密度会逐渐增大。

由密度计算的结晶度与X衍射法计算的结晶度，对于纯度较高的棉花、苎麻来说，两者非常一致，而对于竹纤维、黄麻这类纯度较差的纤维来说，两者差距甚大，因此由密度计算结晶度的方法并不适合所有样品。

第二节　竹纤维的热性能

一、热性能研究方法及手段

仪器：TGA Q500热分析仪。

测试条件：实验气氛N_2，氮气流量60ml/min，升温速度10℃/min，扫描温度范围：室温到600℃。

二、竹纤维的热性能分析

热重分析（TG）曲线表示纤维在某气体（氮气）氛围下随温度变化的质量损失率，可以显示各纤维的耐热性能，是材料内在物理结构与化学组成的间接反映。据资料显示，纤维中综纤维素（纤维素和半纤维素的总和）的分解温度在250～350℃范围内，木质素的分解温度为350～450℃左右。因此根据TG曲线的形状可以判断纤维中存在的主要物质。

竹纤维的热重曲线见图8-1，根据分解的温度可以判断，它主要含有纤维素及半纤维素，而木质素含量已大大降低。木质素含量越高，则质地较脆，强度高、伸长低，且会导致染色困难、漂白剂用量增加。

由图8-1～图8-4可知：不同纤维各自综纤维素的分解曲线上的起始分解温度和结束分

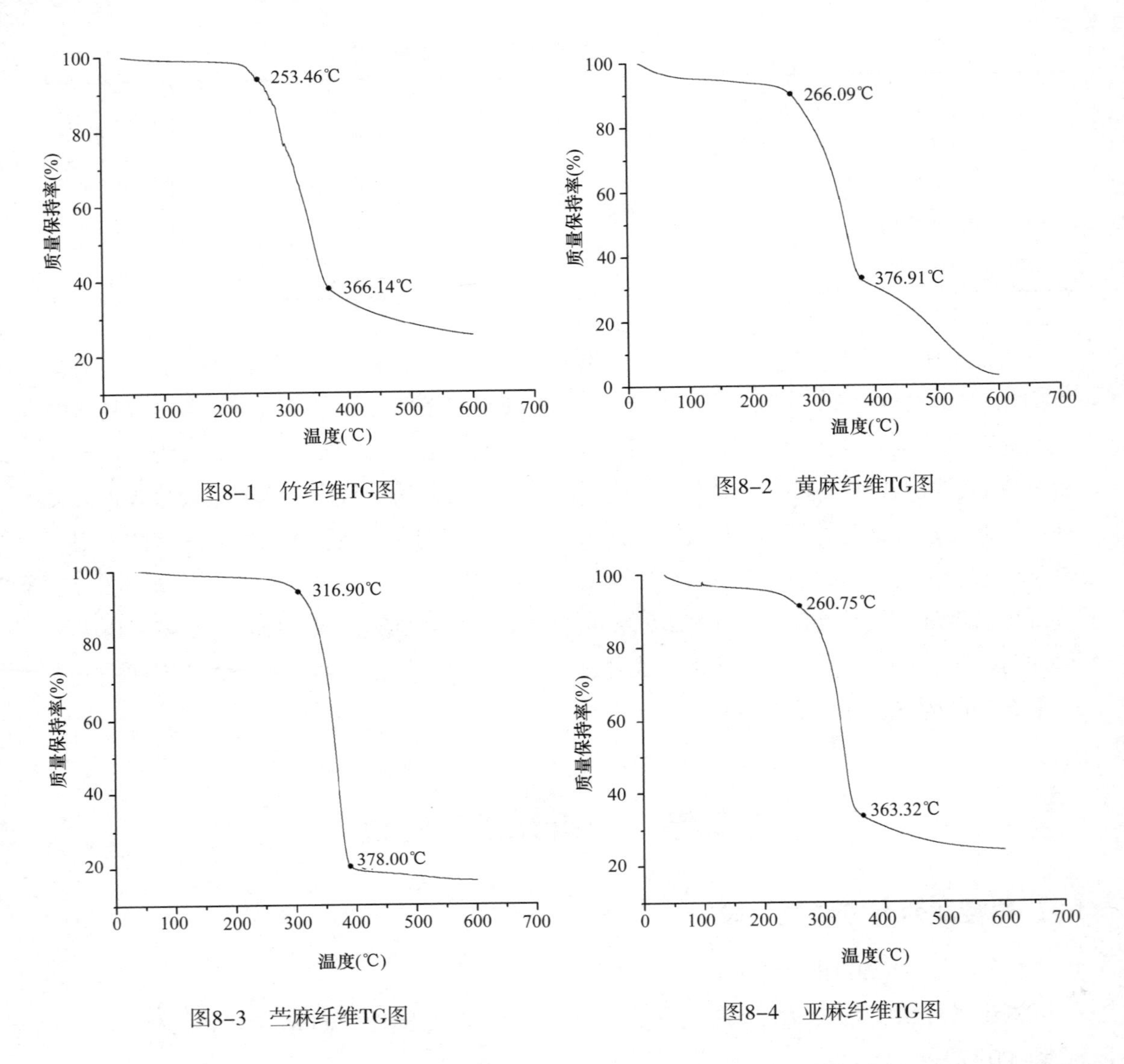

图8-1　竹纤维TG图

图8-2　黄麻纤维TG图

图8-3　苎麻纤维TG图

图8-4　亚麻纤维TG图

解温度有所不同，图中所标出的点分别表示综纤维素开始分解和结束分解的温度，为了更加直观的对比各纤维之间的差异，把综纤维素分解的起始、结束温度列于表8-2。

表8-2　几种纤维综纤维素的分解温度　（单位：℃）

指标	竹纤维	黄麻纤维	亚麻纤维	苎麻纤维
综纤维素开始分解的温度	253.46	266.09	260.75	316.90
综纤维素结束分解的温度	366.14	376.91	363.32	378.00
温度范围	112.68	110.82	102.57	61.10

注　综纤维素是指半纤维素与纤维素之和。

以上几种纤维的综纤维素中以纤维素含量为主，因此其特点也主要反映了纤维素的热性能。纤维素开始分解的温度越高，表示该纤维的耐热性越好，是由纤维的聚集态结构所决定的，表明该纤维素的聚集态结构堆砌紧密；同时，纤维素从开始分解到结束分解的温度范围越窄，表示该纤维的纤维素纯度越高，因为半纤维素的分解温度低于纤维素，因此其分解温度范围越大，说明所含的物质越杂。苎麻纤维的热重曲线表明了这一点，而亚麻、竹纤维、黄麻的起始分解温度低、分解温度范围大，与其中较高的半纤维素含量有关。

由纤维的化学成分可知，黄麻纤维中的木质素含量最高，因而在其TG图上表现出370℃以后又出现一个较小的坡度，这与第五章中红外光谱、核磁共振谱测试的结果一致。

第三节　竹纤维的抗菌性能

随着生活水平的不断提高，纺织品的抗菌性越来越受到人们的关注，尤其对我国自主研制开发的竹纤维而言，它的抗菌性更加受到纺织界的广泛关注，也成为商家宣传的噱头。

竹纤维单细胞细长、腔小、壁厚，细胞壁上具有纹孔，这些特征使得竹纤维具有优良的吸湿性和透气性。但对于竹纤维的天然抗菌性能的研究较少，学术界尚无统一的定论，为此，本节依据纺织品测试标准对竹纤维抗菌性能进行测试，并与竹浆黏胶纤维和麻、棉纤维进行比较，从而为竹纤维的应用提供理论基础。

一、研究对象及方法

1. 研究对象

竹纤维（同第五章），棉纤维、黄麻、亚麻、苎麻和竹浆黏胶纤维（市购），抗菌整理棉纤维（将同批次纯棉纤维用抗菌剂SCJ-2000整理，抗菌剂购于北京洁尔爽高科技有限公司；整理工艺：浸渍法，浴比1∶10，处理温度50～70℃，处理时间30～40min）。原竹材料（竹纤维制取用原料），竹粉（竹纤维粉碎，过40～60目筛）。

2. 测试用菌种

大肠杆菌（8099，革兰氏阴性菌），金黄色葡萄球菌（ATCC 6538，革兰氏阳性菌）和白色念珠菌（ATCC 10231）均购自中国微生物菌种保藏管理委员会普通微生物中心。

3. 研究方法

参考美国测试与材料协会发布的纺织品测试标准ASTM E 2149-2001及我国纺织品抗菌性能的评价标准GB/T 20944—2008中第3部分，本研究采用振荡法对几种纺织纤维试样进行测试，实验操作与相关参数参照我国纺织品抗菌性能的评价标准GB/T 20944—2008。

（1）实验准备。接种菌液制备：从3～10代的菌种试管斜面中取一环细菌，在平皿上划线，在（37±1）℃下培养18～20h。取营养肉汤培养基20mL放入100mL三角瓶中，挑取平皿上一个典型的菌落接种到营养肉汤中，（37±1）℃、130r/min振荡培养18～20h，即制成了接种菌悬液。此菌液用稀释法测定，活菌数应达到$1\times10^9\sim5\times10^9$CFU/mL。

试样准备：将各待测纤维试样及标准空白试样分别称取（0.75±0.05）g/份，包好后在0.1MPa、121℃下高压蒸汽灭菌15min。

（2）实验操作。将制备的细菌悬液稀释至活菌数为$3\times10^5\sim4\times10^5$ CFU/mL。在灭菌后的250mL三角瓶中分别加入竹纤维、棉纤维、黄麻、亚麻、苎麻、竹浆黏胶纤维和抗菌整理棉纤维，不加试样三角瓶用于对照，每个试样设置3个重复。在每个三角瓶中加入（70±0.1）mL的0.03mol/L PBS缓冲溶液（磷酸缓冲盐溶液）。先在空白对照三角瓶中接入5mL稀释菌悬液，在（24±1）℃下以（250～300）r/min速度振荡1min±5s，作为“0”接触时间取样进行平皿计数；然后在各试样三角瓶中接入5mL接种菌悬液，连同“0”接触时间取样后的三角瓶，同时在（24±1）℃下以150r/min速度振荡18h，取样进行平皿计数。

（3）结果计算。抑菌率$Y=(W_t-Q_t)/W_t\times100\%$，式中：$W_t$为对照样振荡接触18h后三角瓶内的活菌浓度（CFU/mL），Q_t为测试试样振荡接触18h后三角瓶内的活菌浓度（CFU/mL）。以抑菌率的计算值作为结果，当抑菌率计算值为负值时，表示为“0”，当抑菌率计算值≥0时，表示为“≥0”。

二、竹纤维的抗菌性分析

以棉纤维作为对照样，各纤维试样对大肠杆菌、金黄色葡萄球菌和白色念珠菌的抑菌率测试结果见表8-3。

表8-3　几种纺织纤维对8099、ATCC6538和ATCC10231抑菌率测试结果

试样名称	大肠杆菌（8099）		金黄色葡萄球菌（ATCC6538）		白色念珠菌（ATCC10231）	
	活菌浓度（CFU/mL）	抑菌率（%）	活菌浓度（CFU/mL）	抑菌率（%）	活菌浓度（CFU/mL）	抑菌率（%）
接种菌液	3.1×10^5		3.6×10^5		2.6×10^5	
棉纤维（对照样）	7.3×10^6		1.4×10^6		3.0×10^5	
竹纤维	1.2×10^7	0（-68.9）	1.6×10^6	0（-13.2）	4.2×10^5	0（-41.3）
黄麻纤维	8.5×10^6	0（-15.9）	2.1×10^6	0（-48.4）	1.6×10^5	48
亚麻纤维	1.1×10^7	0（-45.0）	2.7×10^6	0（-88.8）	2.7×10^5	8.7
苎麻纤维	5.6×10^6	24.3	1.4×10^5	90.2	1.4×10^5	54
竹浆黏胶纤维	4.3×10^6	41.4	3.5×10^5	75.8	3.4×10^5	0（-12.8）
抗菌整理棉纤维	3	>99	0	100	0	100

表8-3中数据显示，以不具抗菌性的棉纤维为对照样，竹纤维、黄麻和亚麻纤维对于大肠杆菌的抑菌率均为负值，表示为0，即不具抗菌效果，而苎麻和竹浆黏胶纤维相对棉纤维略有一些抑菌效果，但不具有抗菌性；对于金黄色葡萄球菌，竹纤维、黄麻和亚麻纤维亦不具有抗菌效果，而苎麻和竹浆黏胶纤维抑菌效果较好；对于白色念珠菌，竹纤维抗菌效果依然为0，而三种麻纤维的抑菌效果都略好于棉纤维，其中苎麻最好，亚麻接近于棉纤维，竹浆黏胶纤维不具抑菌效果。以上研究结果与有关文献所指出的竹纤维具有天然抗菌性的观点不一致。

作为另一个参比试样，与未经抗菌整理的棉纤维相比较，抗菌整理后的棉纤维对各菌种的抑菌率均>99%，具有明显抗菌效果。以此说明测试结果是准确和可靠的。

本研究也对竹浆黏胶纤维进行了测试，结果表明竹浆黏胶纤维对大肠杆菌的抑菌率为41.4%，对金黄色葡萄球菌的抑菌率达到75.8%，说明竹浆黏胶纤维对革兰氏阳性、阴性菌具有一定的抑菌效果，根据GB/T 20944.3-2008中关于抗菌效果的评价，要求材料对大肠杆菌的抑菌率≥70%才具有抗菌性，因此竹浆黏胶纤维对大肠杆菌无抗菌效果。竹浆黏胶纤维和普通黏胶纤维一样，是通过化学加工方法制得的再生纤维素纤维，具有一定抑菌效果的原因可能是纤维中纤维素纯度高、植物纤维中常见的伴生物极少，缺乏植物纤维所具有的某些有益于细菌滋生的化学成分，因此相对于棉纤维，黏胶纤维包括竹浆黏胶纤维不利于细菌的生长繁殖。同时竹浆黏胶纤维由于其生产过程中经过了酸碱处理，因此不利于细菌的繁殖。

对麻类纤维的研究表明，苎麻纤维中间有沟状空腔，管壁多孔隙，可富含氧气，使厌氧菌无法生存，而且苎麻含有丁宁、嘧啶、嘌呤等成分，对金黄色葡萄球菌、大肠杆菌有一定的抑制作用。

竹纤维对三个测试菌种均不具有抗菌效果，据此认为竹纤维并非像市场上宣传的那样具有天然抗菌性。为了判断这一结论的准确性，同时，为了探索竹纤维结构及其化学成分对其抗菌性能的影响，又测试了用于制取竹纤维的原竹材及由竹纤维磨成的竹粉的抑菌率，测试结果见表8-4。

表8-4　原竹材和竹粉对8099、ATCC6538和ATCC10231抑菌率测试结果

试样名称	大肠杆菌（8099）		金黄色葡萄球菌（ATCC6538）		白色念珠菌（ATCC10231）	
	活菌浓度（CFU/mL）	抑菌率（%）	活菌浓度（CFU/mL）	抑菌率（%）	活菌浓度（CFU/mL）	抑菌率（%）
接种菌液	3.3×10^5		3.4×10^5		2.5×10^5	
棉纤维（对照样）	7.1×10^6		1.2×10^6		3.1×10^5	
原竹材	1.2×10^7	0（-69.0）	2.1×10^6	0（-75.0）	4.5×10^5	0（-45.5）
竹粉	1.1×10^7	0（-54.9）	1.8×10^6	0（-50.0）	4.1×10^5	0（-33.4）

同样以棉纤维作为对照，结果显示：未经成纤加工的原竹材对三个测试菌的抑菌率都为0，同时将竹纤维打磨成粉后，也不具有抑菌性；并且每个测试菌在不同形态的竹材料中的生长情况没有很大的差别，因此认为，竹材自身不含或几乎不含抑制细菌生长的抗菌物质，其物理结构也没有赋予竹纤维很好的抑菌效果。在本研究条件下，得出如下结论。

（1）竹纤维不具有抗菌性。根据本节的研究结果推测：竹纤维不含有抗菌化学物质，物理结构也未赋予其抗菌效果。

（2）与棉纤维相比较，苎麻纤维对金黄色葡萄球菌具有一定的抑菌效果，竹浆黏胶纤维也不利于革兰氏阴性、阳性菌的生长和繁殖。

本章小结

（1）测试结果表明竹纤维的密度很小，小于再生纤维素纤维密度。由于竹纤维的密度与纤维中的木质素和半纤维素等胶质含量有着一定的关系，随着竹纤维脱胶工艺的变化、胶质含量的降低，竹纤维的密度会逐渐增大。

（2）竹纤维表现出耐热性较好的优点，竹纤维的耐热性能与黄麻、亚麻纤维相当。

（3）竹纤维不具有抗菌性，竹纤维不含有抗菌化学物质成分，其物理结构也未赋予其抗菌效果。

本章参考文献

[1] 刘颖．竹材纤维的性能研究与脱胶工艺探讨［D］．北京：北京服装学院，2005，20–22.

[2] 王越平，高绪珊，邢声远，等．几种天然纤维素纤维的结构研究［J］．棉纺织技术，2006，2（8）．

[3] 席丽霞．纺织用竹原纤维抗菌性能研究［D］．北京：中国林业科学研究院，2011.

[4] 胡文强，何卫东，邹飞，等．白色念珠菌感染现状与实验诊断进展［J］．江西医学检验，2001，19（2）：104–105.

[5] 冯惠芬．从档案霉菌的危害看预防的必要性［J］．机电兵船档案，2004，（003）：3–5.

[6] 谭文颖，肖卫军，叶尔恭，等．抗菌纺织品的探讨［J］．化纤与纺织技术，2003，4：28–34.

[7] 郭登峰，郭腊梅．纺织品抗菌整理现状及发展趋势［J］．广西纺织科技，2006，35

（3）：38-42.
［8］孙越励. 纺织品抗菌技术的探讨［J］. 产业用纺织品，1999，17（12）：13-13.
［9］高春朋，高铭，刘雁雁，等. 纺织品抗菌性能测试方法及标准［J］. 染整技术，2007，29（2）：38-42.
［10］卫生部. 消毒技术规范［Z］. 北京：卫生部，2002，11：203.
［11］全国纺织品标准化技术委员会基础标准分会. 纺织品抗菌性能的评价：第3部分：GB/T 20944［S］. 北京：中国标准出版社，2008.
［12］刘晨，王爱兵，计芬芬. 关于纺织品抗菌性判定的思考［J］. 印染，2006，32（8）：34-38.
［13］计芬芬，刘晨. 两种纺织品抗菌测试标准的比较［J］. 合成纤维，2005，34（1）：18-19.
［14］金永安，姜生，路娟. 纺织品抗菌性能检测方法及其评估［J］. 北京纺织，2005，26（1）：49-51.
［15］计芬芬，刘晨，顾珍. 抗菌纺织品测试方法的比较及标准化问题探讨［J］. 印染，2007，33（17）：34-36.
［16］董艳，李先锋. 纳米光触媒织物抗菌试验研究［J］. 纺织科技进展，2006（5）：30-31.
［17］Liese W，Schmitt U. Development and structure of the terminal layer in bamboo culms［J］. Wood science and technology，2006，40（1）：4-15.
［18］Higuchi T. Chemistry and biochemistry of bamboo［J］. Bamboo J，1987，4（7）：132-145.
［19］Lasko C L，Hurst M P. An investigation into the use of chitosan for the removal of soluble silver from industrial wastewater［J］. Environmental science & technology，1999，33（20）：3622-3626.
［20］JIS L. Testing for antibacterial activity and efficacy on textile products［J］. 1902.

第九章　纺织竹纤维质量标准与鉴别技术

第一节　概述

竹纤维属于天然植物纤维，其性能与麻纤维比较接近，被人们称作继棉、麻、丝、毛之后的第五大类天然纤维，资源丰富，性能独特，特别是其可再生、可持续发展的特性日益受到全球的关注，具有广泛的应用前景，因此对新型植物纤维——竹纤维的研究与开发具有重要的意义和价值。

作为一种新型纤维，竹纤维在中国的发展一波三折。最初，竹浆黏胶纤维被称之为竹纤维，直到竹浆黏胶纤维出现十年后，市场上的产品依然是标注混乱甚至错误。通过实地调查毛巾、袜子、内衣、床上用品、婴幼儿服装等商品，结果表明，其中有的产品宣传“竹纤维”而成分标注为“竹浆黏胶纤维”，有的产品成分在括号外标注“竹浆黏胶纤维”括号内为“竹纤维”，更有甚者错误地将“竹浆黏胶纤维”标注为“竹纤维”，造成消费者形成竹浆黏胶纤维就是竹纤维的错误认识。随后，“天然竹纤维”出现，多家企业宣称已成功研制竹纤维，但却未见真正产品、可纺产品，由于假冒竹纤维出现，造成竹纤维市场更加混乱。

为了规范竹纤维产品及市场，国家林业局制订了行业标准《纺织用竹纤维》（LY/T 1792—2008）和《纺织用竹纤维鉴别试验方法》（LY/T 2226—2013），两项标准分别于2008年12月1日、2014年1月1日由全国竹藤标准化技术委员会提出并归口国家林业局正式发布实施。两项标准针对竹纤维原料分别提出了适当的竹纤维产品质量等级以及实用的、可操作的竹纤维鉴别方法，标准对规范今后竹纤维加工技术与产品市场发挥了作用。

第二节　纺织竹纤维的原料质量标准制订

一、《纺织用竹纤维》标准制订的背景

1. 竹纤维是纺织和林业研究与开发的热点

“竹纤维”概念的出现，曾经吸引了众多科研人员的研究兴趣，成为近年国内纺织行

业、林业研究开发的热点。

目前，竹材在纺织行业主要有两种应用方式，分别制成竹浆黏胶纤维和天然竹纤维，经过十年的发展已初步形成两种工艺并存的局面。由于中国竹文化历史的源远流长，使得以竹子为原料加工的纤维一经问世就受到消费者的追捧，当然也成为众多研究人员的研究对象。

竹浆黏胶纤维的最早研制者也是目前国内最大的竹浆黏胶纤维加工企业——河北吉藁化纤有限公司，多年来一直致力于竹浆黏胶纤维的工艺研究，终于使其工艺不断成熟并走向市场，其产品性能如白度、强度、强度不匀等指标已能够很好地满足纺织加工的要求，因而其产品如凉席、袜子、巾被、居家服、夏季服装等受到消费者青睐。同时由吉藁化纤有限公司起草的“竹材黏胶短纤维”“黏胶纤维用竹浆粕”纺织行业标准已通过审核并正式发布。由于竹浆黏胶纤维制取工艺污染严重的缺陷，目前仍有研究人员致力于其工艺的改进、完善甚至替代，如浙江林科院、福建省多家企业联合中科院化学所、福建农林大学等部门均在致力于攻克竹Lyocell工艺的难题。

最早引入“竹原纤维”概念的湖南华升株洲雪松有限公司也是最早着手研究天然竹纤维脱胶工艺的企业。由于竹单纤维长度只有2mm左右，且竹材中含有大量难以脱除的木质素，因此竹纤维的制取难度很大，目前纺织用竹工艺纤维仍偏粗，主要用于装饰用纺织品。

随着新型纤维的出现及发展，及时地推出相应标准，可以有力地推动新产品研发和市场健康、有序地发展。

2. 竹纤维的命名混乱、概念错误

天然纤维素纤维是人类历史上最早应用的纺织纤维，同时人类在19世纪末开始掌握并运用黏胶纤维工艺，因此在国际纤维学会中天然纤维素纤维与黏胶的再生纤维素纤维类别非常清晰，棉花与棉短绒加工的黏胶纤维不存在命名混乱问题。

因为中国人对竹子特殊的偏爱，又由于竹浆黏胶纤维早于天然竹纤维出现在市场上，使竹浆黏胶纤维一出现就被称为“竹纤维”，竹浆黏胶纤维产品在市场上均被称为“竹纤维产品”，产生了概念上的错误。而当天然竹纤维出现时，因不能、不愿与竹浆黏胶纤维同时命名为竹纤维，便被称为“竹原纤维”。因此，命名混乱导致了概念错误，“竹纤维”到底为何种纤维？从科学的角度很明确，业内人士也心知肚明，而消费者一头雾水。随着竹纤维研究技术的深入及其产品的发展，需要人们重新回到起点，科学地规范“竹纤维”命名。

3. 净化市场、规范市场——真假竹纤维并存

在天然竹纤维发展的初期，曾经市场上到处可见“竹原纤维”（即所谓的天然竹纤维）的身影，从当时的市场来看，似乎天然竹纤维与竹浆黏胶纤维均已开发成功并工业化生产，甚至其产品已远销到欧洲，但事实却并非如此简单。经过多家高校、研究院所及检

验机构的多项指标、多种检测手段证明该“竹原纤维”与苎麻完全相同，并非真正的天然竹纤维。由于竹纤维为新型纤维，人们包括科研人员对天然竹纤维不了解，也由于竹纤维缺乏检验与鉴别标准，使得当时炒得沸沸扬扬的“竹原纤维”几乎无法看清其真实身份而充斥市场。随着人们对竹纤维的了解，所谓的“竹原纤维”如今已经销声匿迹，为了给消费者提供真实的竹纤维产品，需要及早建立相应的产品标准、方法标准，让科研人员、企业、消费者了解真正竹纤维的本来面目。

二、《纺织用竹纤维》标准制订的意义

1. 推出具有中国特色的新型竹纤维

在《纺织用竹纤维》标准中，明确了竹纤维的概念与内涵，明确了竹纤维仅指天然竹纤维，因而《纺织用竹纤维》标准仅针对天然竹纤维而设立，不包括竹浆黏胶纤维产品。

中国无论是竹林面积、产量还是竹种数量均居世界前列，因此我国开展竹纤维的研制与开发具有得天独厚的优势条件。《纺织用竹纤维》标准推出之时，正是竹纤维研制成功之际。经过国家“十一五”科技支撑计划项目、国家林业局948项目、国家林业局林业科技成果推广等多项目的联合攻关，已经攻克了竹纤维制备过程中的难题。因此《纺织用竹纤维》标准的面世，标志着竹纤维在纺织上应用的可行性，旨在向全世界推出具有中国特色的竹纤维。

2. 规范竹纤维市场、纠正竹纤维命名

针对竹纤维命名错误、不规范，竹纤维市场混乱、真假难辨等问题，《纺织用竹纤维》标准提出的重要目的之一是规范市场、正确命名，在该标准的术语与定义部分，对竹纤维进行了明确的分类与命名；在该标准的附录部分，作为资料辅助内容，对竹纤维的鉴别进行了简要说明。为了使消费者权益不受侵害，竹纤维的正确命名与分类、竹纤维鉴别方法的提出对于规范竹纤维市场都有着重要意义。

3. 竹纤维产品质量控制的有效手段

《纺织用竹纤维》标准由纺织、林业部门共同推出，从该标准的制订、审核到应用，均注重将上游林业与下游纺织业联系起来，以使标准的实用性、可操作性更强。同其他产品标准一样，《纺织用竹纤维》标准将为竹纤维原料的生产加工、收购、验收、销售等各环节提供统一的规定和质量鉴定的依据。

4. 弥补国际标准的不足

我国是世界竹资源最丰富的国家，也是竹产品应用开发技术最先进的国家之一，但迄今为止，国际上包括我国还缺少关于竹纤维方面的相关标准，《纺织用竹纤维》标准将为国际标准的申报打下理论与实践基础。

5. 加快竹纤维发展的步伐

在《纺织用竹纤维》标准的制订过程中，由于纠正了竹纤维发展过程中出现的错误、

理顺了各产品间的关系，必将推进竹纤维开发的步伐，使之真正成为中国产的特色纤维。

目前，天然竹纤维处于起步阶段，且《纺织用竹纤维》标准中针对的竹纤维是纺织原材料，后期的粗纱及织物整理阶段还需进行二次脱胶处理，因此纤维各项指标并未提出过高的要求。随着科技的进步、竹纤维的不断发展，其各项指标将得到不断完善，如纺织用竹纤维原料的细度、白度、残胶率等技术指标要求将越来越高。

三、《纺织用竹纤维》标准制订的主要内容及依据

1. 界定了竹纤维的定义、命名及相关术语

对竹纤维进行定义、命名是《纺织用竹纤维》标准制订的重要目的之一。标准中对竹纤维、竹原纤维、纺织用竹纤维、竹工艺纤维、棉型竹纤维、麻型竹纤维等名词进行了解释，并提出了竹硬丝等纤维疵点名称。

在《纺织用竹纤维》标准中，从生物解剖结构角度定义了竹纤维，并将竹纤维与竹原纤维概念统一，将竹浆黏胶纤维从竹纤维类别中划分出去，同时将竹纤维概念外延扩大为单细胞、多细胞粘附两种形式。标准中定义了纺织用竹纤维，并将纺织用竹纤维与竹工艺纤维概念统一，界定了纺织用竹工艺纤维需满足的要求。

根据纺织用竹纤维的使用要求，将竹纤维划分为棉型竹纤维与麻型竹纤维两类。平均长度在25～40mm，线密度≤20.0dtex（≥500Nm）的竹工艺纤维为棉型竹纤维；平均长度在70～75mm以上，线密度≤25.0dtex（≥400Nm）的竹工艺纤维为麻型竹纤维。

2. 规定了竹纤维检验项目与技术指标

根据纺织行业棉纺和麻纺工艺的不同，纺织用竹纤维分为棉型和麻型两类。棉型、麻型竹纤维的技术指标分为内在品质和外观品质两方面，具体见表9-1。

表9-1 纺织竹纤维技术指标的设置

指标类别		指标名称	检验目的
内在品质	形态指标	线密度	检验纤维的基本规格
		平均长度	
		16mm（40mm）及以下短纤率	
	力学性能指标	干断裂强度	考察竹纤维在干态下的力学性能
		干断裂伸长率	
		干断裂强度变异系数	
	回潮率指标	纤维实际回潮率最高不宜超过14%	回潮率指标也是考察竹纤维脱胶的手段之一
	化学成分指标	残胶率	用化学成分考察竹纤维脱胶的程度
		木质素含量	

续表

指标类别		指标名称	检验目的
外观品质	疵点要求	硬丝率	从影响纤维外观的各角度控制纤维质量
		竹粒	
	包装要求	包装方式	
	外观要求	色泽、气味、手感	
		白度	
	杂质要求	含杂率	

棉型、麻型竹纤维技术指标及性能要求见表9-2。

表9-2　棉型、麻型竹纤维技术指标要求

项目		棉型竹纤维	麻型竹纤维
内在品质	线密度［dtex（Nm）］	≤20（≥500）	≤25（≥400）
	平均长度（mm）	25～40	≥70
	干断裂强度（cN/dtex）	≥2.8	≥3.0
	干断裂伸长率（%）	≥3.0	≥3.0
	干断裂强度变异系数（CV）（%）	≤25	≤30
	16mm（40mm）及以下短纤率（%）	≤22	≤18
	残胶率（%）	≤10.0	≤12.0
	木质素含量（%）	≤7.0	≤8.0
	硬丝率（%）	≤2.0	≤3.0
	竹粒（粒/2g）	≤12	≤12
	纤维条标准质（重）量（g/m）	—	15±1
	条重变异系数（CV）（%）	—	≤5
	纤维球标准质（重）量（kg/个）	—	15±0.5
	含油率（%）	由供需双方协商决定	
外观品质	包装方式	纤维球由一根纤维条连续卷绕而成，中间不允许有断头、乱条现象，2或4个纤维球装一箱	
	色泽、气味、手感	色泽要求均匀一致，无异味，手感柔软	
	白度（%）	≥52	≥50
	含杂	无污迹、金属硬物、异性纤维杂物	

3. 规定了竹纤维的检验方法、规则及其他要求

《纺织用竹纤维》标准中的纤维条质（重）量试验、回潮率试验、纤维线密度、断裂强度、长度、短纤率、竹硬丝、竹粒试验、纤维木质素含量、残胶率试验、纤维白度试验以及试验结果的表示与数值修约方法等内容都依据现行标准或参考麻类纤维相关标准执行。

在竹纤维检验的抽取数量及方法上，参照了GB 2828.1—2003计数抽样检验程序制定，将纺织品检验抽样方法与国标检验抽样方法一致。由于包装形式不同，成箱样品与成包样品以不同方法分别抽取。

另外，《纺织用竹纤维》标准中参照相关标准对交货验收检验中的检验项目、取样数量、取样方法、试验方法等内容均进行了严格的规定；规定了型式检验、复检的取样要求、检验规程等项目。标准中还规定了竹纤维在包装、运输以及贮存等方面的不同要求。

4. 初步提出了竹纤维鉴别的简易方法

为了鉴别真假竹纤维，在《纺织用竹纤维》标准的附录部分补充了一种竹纤维鉴别的简单方法——扫描电镜法。

总之，《纺织用竹纤维》标准的制订是市场的需要，更是技术发展的需要。该标准的颁布与实施标志着竹纤维技术的成功问世，对于规范市场、控制产品质量有着积极的意义，希望该标准的颁布能够推动竹纤维技术的进一步发展、推动中国竹产业的发展。

第三节 纺织竹纤维定性鉴别技术的研究

竹纤维的鉴别技术研究包括竹纤维定性鉴别以及定量分析两个部分。

竹纤维和麻纤维同属天然植物纤维，具有纤维素纤维的共同特点，其化学组成非常相似，很难区分。目前，对于麻类纤维的鉴别，日本的纤维鉴别标准采用红外光谱鉴别苎麻和亚麻；韩国标准利用纤维旋转方向和着色反应鉴别大麻、亚麻和黄麻，但在实际操作中发现，仅采用着色反应来鉴别大麻、亚麻和黄麻时，即使是操作经验十分丰富的检验人员，在没有相关参照物的条件下也相当困难；纤维旋转法亦不足以鉴别多种麻类纤维。国内采用红外光谱、X-荧光光谱、纤维旋转方向等手段对苎麻、亚麻、大麻、黄麻等常用麻纤维进行鉴别，但测试方法可靠性差、结果分析复杂。目前，竹纤维缺乏有效的鉴别方法与标准，这对于竹纤维未来的发展十分不利。

各种植物纤维虽然在物理结构与化学成分上非常相似，但由于其植物物种以及生长环境等不同使得它们在微观结构方面必然存在着差异。在此，采用电镜、光镜、X射线衍射

仪等手段，对亚麻、黄麻、大麻、苎麻、竹纤维等纺织用纤维的单纤维规格尺寸、纵向与横向截面形态特征、结晶结构特征进行区分和辨别；另外X-衍射法也是了解纤维微观结构的有效手段之一；着色法是快速、简洁的方法，因此LY/T 2226-2013《纺织用竹纤维鉴别试验方法》标准中提出的试验方法与结果分析手段简单易行，具有可操作性。

一、研究方法及手段

1. 实验材料

鉴别对象为丛生慈竹和散生毛竹纤维（自制）。为了对比，将亚麻（哈尔滨亚麻集团提供）、黄麻（湖南郴州麻业有限公司提供）、大麻（山西省绿洲大麻有限公司提供）、苎麻（湖南华升株洲雪松有限公司提供）为参照对象。

2. 鉴别方法及手段

（1）单纤维尺寸鉴别法。由于竹纤维与其他麻类纤维均属天然纤维，而天然纤维因其本身植物特性、立地条件不同等影响因素，必然会造成单纤维长短、粗细、中腔大小等指标不尽相同，因此可根据植物本身的天然形态属性作为纤维鉴别的手段之一。该测试包括纤维长度、细度、中腔径测量3项内容，并计算得到纤维长径比、腔径比。

（a）长度测量。用普通光学显微镜（上海光学仪器厂生产的XSP-BM型光学显微镜）在40倍的放大倍数下测量纤维长度，测试根数不少于300根。

（b）细度测量。用普通光学显微镜及纤维细度测试系统（XSP-BM型光学显微镜；SG-1X纤维细度测试系统）在40倍的放大倍数下测量纤维细度（直径），测试根数不少于300根。

（c）腔径测量。用带测量标尺的光学显微镜在400倍的放大倍数下测量纤维的中腔直径。

根据测量结果，计算腔径比、长径比：中腔直径与纤维直径之比，单纤维长度与纤维直径之比。

（2）纤维形貌鉴别法。利用日本电子公司生产的JSM-6360LV型扫描电子显微镜高清晰度的特点，在放电电压10kV、放大倍数1100～6000倍的条件下进行微细结构形态及表面特征的观察；同时利用光学显微镜可以增大观察视野，有利于把握纤维的规律性特征，在放大倍数100倍下进行形态特征的观察，两种仪器结合起来共同观察。

（3）广角X射线衍射鉴别法。利用日本理学电机公司（Rigaku）生产的D/max-B型X射线衍射仪测试纤维的结晶结构特征。测试条件：粉末法，电压40kV，电流50mA，Cu-Ka靶（λ=1.5418埃），扫描速度5°/min，2θ扫描范围：5～40°。

（4）显色鉴别法。由于不同的纤维素纤维（如竹纤维、麻纤维、棉纤维等）有着不同的化学组成特点，如某些化学试剂遇到木质素的共轭基团会显色，因此可以根据颜色的变化来鉴别纤维。

（a）1%的高锰酸钾溶液。将试样浸渍在1%高锰酸钾（分析纯，北京益利精细化学品有限公司）溶液中2～3min，之后用流动水清洗，显微镜下观察。

（b）$ZnCl_2$—I_2试剂。取20g氯化锌（分析纯，北京化工厂）溶解在10ml水中配成A溶液。然后把2.1g碘化钾（分析纯，北京化工厂）溶解在5ml水中，加入0.1g碘（分析纯，天津市赢达稀贵化学试剂厂）配成B液。将A、B液混合后放置一夜，取上面的澄清液，再加入0.3g碘，装入棕色瓶中保存于阴暗处。

使用时试样在溶液中浸渍2～3min后，去除多余液体，显微镜下观察。

（c）间苯三酚—盐酸溶液。将2%～10%的间苯三酚（3.16g，取酒精质量的8%，分析纯，天津市福晨化学试剂厂）、酒精（50ml，相对密度$0.79g/cm^3$，分析纯，北京化工厂）溶液与同量的浓盐酸（42.66g，相对密度为$1.18g/cm^3$，浓度为36%～38%，分析纯，北京化工厂）混合，配成试剂。然后在室温状态下将试样浸渍于试剂中。

（5）纤维旋转方向鉴别法。参照韩国工业标准KS K0319–1985大麻纤维的鉴别方法、KS K03I8–1985亚麻纤维的鉴别方法、KS K0303–1971黄麻纤维的鉴别方法进行研究。测试对象为具有一定长度的单或束纤维，在无风干燥环境下测试，每个测试对象随机取样测试5次，对每根单或束纤维的两端分别进行测试。

（6）化学试剂溶解鉴别法。利用各纤维在55%、60%、72%不同浓度的硫酸试剂中的溶解性不同鉴别纤维种类。

3. 实验材料的预处理

植物纤维的主要组成成分为纤维素，并含有较多的半纤维素和木质素，此外还含有果胶、蜡质等物质。非纤维素的胶质使得各单纤维间粘连在一起，在脱胶不完全的情况下，形成束纤维。而束纤维中的胶质对于电镜观察其形态产生了极大的干扰，也造成纤维尺寸测量结果的错误，因此必须将各鉴别对象离析成单纤维状态，但离析过程不能使单纤维发生破坏或变形。李忠正在其《中国草类纤维制浆的理论与技术研究》一文中指出：草类纤维脱木素率必须达到90%以上纤维方可解离，半脱胶的竹、黄麻纤维中木质素含量约为10%甚至更高，要使其达到单纤维状态，就要彻底地去除木质素。本节选用双氧水对木质素进行氧化处理，同时选用冰醋酸软化纤维，减少纤维断裂。预处理方法、手段等参见第七章第二节。

二、单纤维分离效果的判定

单纤维的分离效果对纤维尺寸测量结果的准确性起着至关重要的作用，同时也影响到纤维纵横向形态的观察。从扫描电镜下观察可以看到：经过双氧水和冰醋酸处理24～26h的纤维已达到较好的单纤维分离状态，所有实验材料中含胶质最多的黄麻、竹纤维分离的单纤维形状见图9–1，单纤维头端较细、中部偏粗，说明纤维没有因双氧水的氧化作用而断裂。

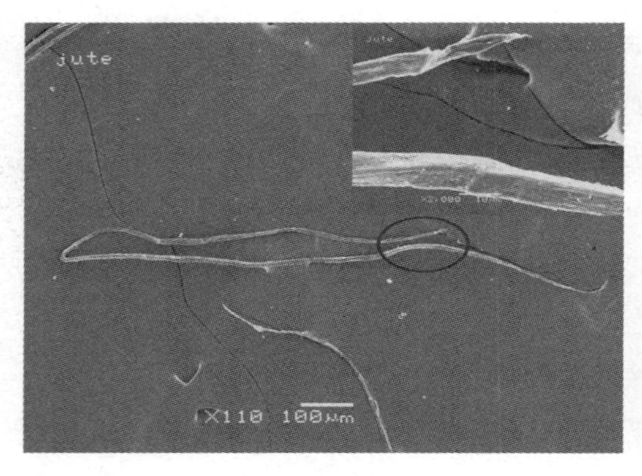

(a) 黄麻单纤维

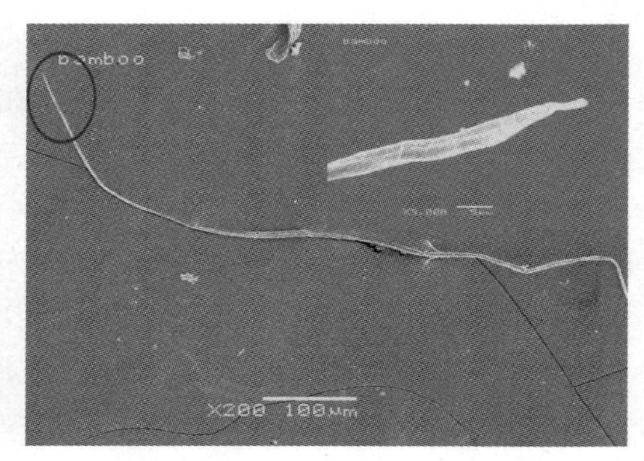

(b) 竹单纤维

图9–1　黄麻和竹单纤维形态电镜照片

三、纤维鉴别结果分析

1. 单纤维尺寸鉴别法

在光学显微镜下通过对几种纤维的测量得到了单纤维长度、宽度尺寸范围及长径比、腔径比等结果，见表9–3～表9–5。

表9–3　几种植物纤维的单纤维长度

纤维种类	慈竹纤维	毛竹纤维	黄麻纤维	亚麻纤维	大麻纤维	苎麻纤维
均值（mm）	1.65	1.46	2.95	23.98	22.29	119.21
最小值（mm）	1.02	0.83	2.40	18.02	15.00	51.00
最大值（mm）	2.10	2.17	3.56	32.00	28.00	197.00
方差	0.07	0.13	0.09	14.45	10.84	11911.56

表9–4　几种植物纤维的单纤维宽度

纤维种类	慈竹纤维	毛竹纤维	黄麻纤维	亚麻纤维	大麻纤维	苎麻纤维
均值（μm）	12.87	13.10	23.29	25.08	26.84	28.33
最小值（μm）	10.60	10.01	16.02	16.02	15.04	19.21
最大值（μm）	15.85	15.97	31.43	35.00	39.87	38.62
方差	1.41	2.64	16.35	24.84	50.09	29.40

表9–5　几种植物纤维的单纤维尺寸比例

纤维种类	慈竹纤维	毛竹纤维	黄麻纤维	亚麻纤维	大麻纤维	苎麻纤维
长度：宽度	135：1	111：1	126：1	956：1	833：1	4202：1
腔：径	1：19.7	1：50.5	1：4.3	1：11.6	1：7.0	1：4.6

依据纤维长度、长度与宽度的比值（表9-3、表9-5）可以将以上纤维分成三类：一类包括黄麻和不同竹种的竹纤维，单纤维极短，一般在1～3mm、长宽比在200：1以内，这类纤维因长度极短必须以工艺纤维成纱；一类是苎麻纤维，单纤维极长，长宽比在2000：1以上，单纤维纺纱；还有一类包括亚麻和大麻等纤维，长度在15～25mm、长宽比在1000：1左右，采用半脱胶的工艺成纱，成布后再进行二次完全脱胶。

依据纤维细度（表9-4）可以将以上纤维分成两类：一类是不同竹种的竹纤维，单纤维较细；另一类黄麻纤维、亚麻纤维、大麻纤维、苎麻纤维的细度都大于等于竹纤维细度的2倍。纤维尺寸由其植物物种、遗传基因、生长环境等因素共同决定，是区分纤维种类的有效手段之一。在竹纤维的鉴别标准中，单纤维尺寸特别是单纤维长度可作为区分纤维的首要条件。

2．纤维形态鉴别法

经过电镜观察，各纤维的纵横向形态特征总结在表9-6中。

表9-6　竹、麻纤维纵、横向形态特征比较

纤维名称	纤维纵、横向形态特征描述
竹纤维	单纤维横截面呈近似圆形，部分有中腔，且中腔极小、壁厚，纤维细而短；纵向表面呈树皮纹，粗糙不光滑，无竹节（见图9-2），慈竹与毛竹没有本质差异，仅有中腔大小的细微不同，毛竹中腔更小
黄麻纤维	横截面呈不规则多边形，中腔较大、壁厚中等；无麻节，表面呈树皮状、较粗糙（见图5-1b、图5-8）；纺织用黄麻纤维木质素含量很高（木质素含量10%～15%），故单纤维之间不易完全分离，部分纤维之间仍相互粘连（见图5-1b）
亚麻纤维	单纤维横截面呈多边形或规则的石榴形，纤维胞壁较厚、有较小的中腔（见图5-1d、图5-10）；纵向有麻节，表面较光滑
大麻纤维	横截面和苎麻相似（见图9-3），呈腰圆形，粗细差异大，粗纤维有中腔，中腔被压扁，细纤维中腔不明显；纵向有麻节，有裂纹
苎麻纤维	单纤维粗而长，横截面呈腰圆形，几乎每根纤维都有中腔，中腔被压扁，腔壁有辐射状裂纹；纵向表面较光滑（见图5-1c、图5-9），有裂纹、有麻节；苎麻单纤维在目前纺织用植物纤维中最长

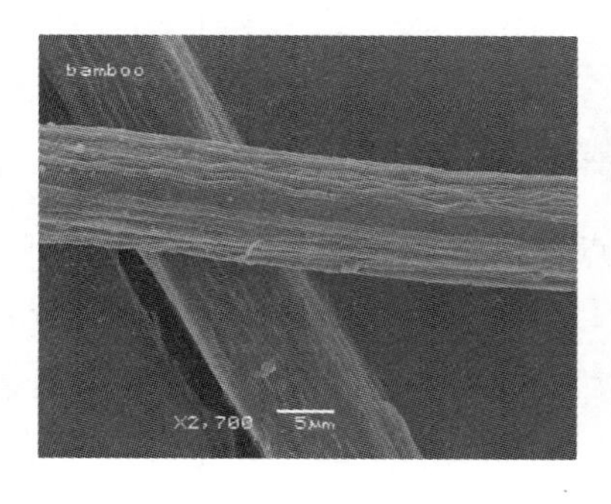

图9-2　竹纤维纵、横向电镜照片

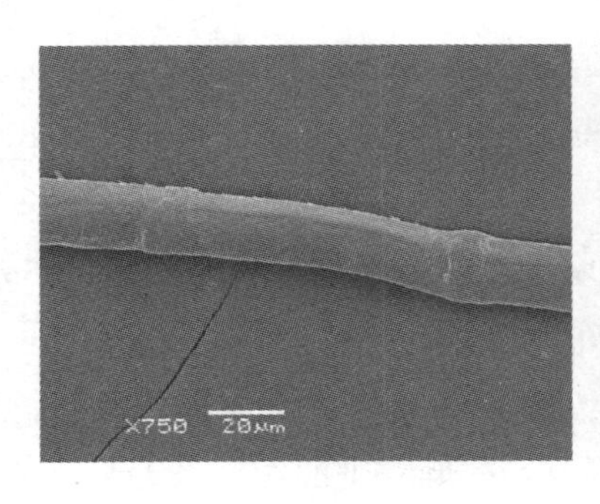

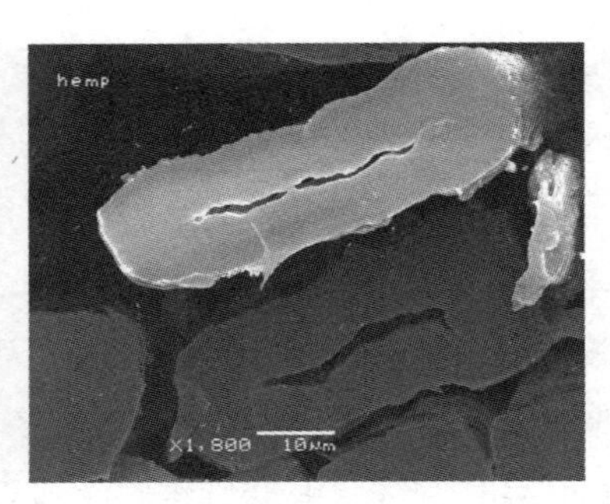

图9-3 大麻纤维纵、横向电镜照片

经研究，不同竹种的竹纤维形态均相同。竹纤维是目前纺织用植物纤维中唯一呈近似圆形的纤维，不同于部分文献中提到的竹纤维与苎麻形态非常相似的结论。

通过电镜观察单纤维的纵横向形态，得到以下规律：从纵向来说，并非所有麻纤维都有麻节，单纤维较长的纤维（如：苎麻、亚麻、大麻等纤维）有明显的麻节，纤维表面较光滑，但节长仍存在差异；而单纤维极短的纤维（如：黄麻纤维）表面粗糙呈树皮状，不存在麻节，各竹种的竹纤维也不存在竹节。从横向来说，所有纤维都有中腔，但壁的厚薄不同，有薄壁大中腔纤维，有厚壁的竹纤维、亚麻纤维，也有中等厚度的苎麻、大麻和黄麻纤维，因而各纤维截面形状存在差异。纤维纵、横向形态特征是鉴别天然纤维的有效手段之一，但因天然纤维的随机性，单独采用这一种方法还不能对竹纤维进行准确鉴别。

3. 广角X射线衍射鉴别法

广角X射线衍射鉴别结果见表5-3、图5-13。从图5-13几种纤维的X射线衍射曲线可以看出，竹纤维与所有麻纤维一样，呈现出典型的天然纤维素Ⅰ型结晶峰形态，在晶型上没有区别，即使经过预处理，也没有使纤维的超分子结构受到破坏或改变，所有植物纤维在结晶峰强度上存在不同。

依据表5-3结果，结晶度高于棉纤维的有：苎麻、大麻和亚麻纤维，结晶度大于65%；而结晶度低于棉纤维的有竹纤维和黄麻纤维，其结晶度在50%～60%之间，该结果与纤维的形态尺寸结果完全一致，即长纤维显示出较紧密的超分子结构特征，而短纤维显示出较松、弱的超分子结构。因此通过X射线衍射法可以将单纤维长短显著不同的纤维分为两类。

4. 显色鉴别法

（1）1%的高锰酸钾显色结果。高锰酸钾溶液可以使植物纤维中含有的半纤维素氧化、变色。通过高锰酸钾染色，将纤维分为两大类：苎麻、亚麻、大麻以及棉纤维等半纤维素含量低的纤维，黄麻及竹纤维等半纤维素含量高的纤维。半纤维素含量高的纤维呈现黑褐色，半纤维素含量低的纤维呈现浅黄色。

（2）$ZnCl_2$—I_2试剂的显色结果。$ZnCl_2$—I_2法对黄麻和竹纤维的显色情况不同：竹纤维在$ZnCl_2$—I_2试剂下变成黑褐色，黄麻纤维呈现浅黄色现象。氯化锌—碘着色后的竹纤维和黄麻纤维如图9-4所示。用该方法可以对非常相似的竹纤维、黄麻纤维进行区分。

图9-4　竹纤维和黄麻纤维在$ZnCl_2$—I_2试剂下的显色特征（深褐色为竹纤维，浅棕黄色为黄麻纤维）

（3）间苯三酚—盐酸溶液的显色结果。预处理后的竹、麻纤维经间苯三酚—盐酸溶液浸泡后颜色无明显变化，用水彻底清洗后，颜色恢复到白色。但用间苯三酚—盐酸液浸泡各种未经预处理的纤维时，颜色变化明显，其中黄麻纤维呈明显的粉红色；大麻纤维呈浅粉色。

文献资料表明：间苯三酚—盐酸溶液与植物纤维中的木质素反应显红色，因此纤维中木质素含量越高，颜色越红，颜色的深浅表明木质素含量的高低，该方法只能用于纤维脱除木素程度的辨别，而不能用于纤维品种的鉴别。

5. *纤维旋转方向鉴别法*

纤维旋转方向测试结果如下。

顺时针方向旋转的纤维有：不同竹种的竹纤维、黄麻纤维和大麻纤维；逆时针方向旋转的纤维有：亚麻纤维、苎麻纤维和棉纤维。

为验证纤维预处理是否对测试结果有影响，再次对未处理的纤维束进行验证，结果相同。

用此方法可以将竹、麻纤维划分为两类：顺时针方向旋转的纤维、逆时针方向旋转的纤维，用以辅助区分形貌特征相像的苎麻纤维与大麻纤维，区分腔径比较相似的黄麻纤维和亚麻纤维。

6. *溶解性鉴别法*

用不同浓度的硫酸对几种纤维进行溶解性测试，由于各种纤维的超分子结构紧密度不同，因此对酸的耐受程度不同，反映出溶解程度不同。

由于以上纤维均为纤维素纤维，在较高浓度的硫酸溶液中（$>72\%$），所有纤维均可溶解。而在过低浓度的硫酸溶液中（$<55\%$），纤维不溶解或不能完全溶解；在60%的硫酸溶液中，结构紧密的纤维基本不溶解，而结构较疏松的纤维可以溶解。苎麻纤维结晶度高、结构紧密，故在60%的硫酸溶液中亦不溶解；结晶度较高的大麻、亚麻等纤维也基本不溶；而黄麻、竹纤维等均易溶解。另外，不同竹种的竹纤维对不同浓度的硫酸溶解性一样。当然此试验方法要严格控制溶解时间、温度等条件。

四、纺织竹纤维鉴别试验方法的确定

以上多种方法的鉴别结果表明，仅采用一种鉴别方法还不能准确地将竹纤维与其他麻类纤维完全区分，需要几种方法相结合。竹纤维的鉴别方法设计如图9–5，采用广角X射线衍射法和单纤维尺寸鉴别法相结合或采用纤维形貌鉴别法和单纤维尺寸鉴别法相结合，均可鉴别竹纤维的真伪。

依据上述研究，制订了《纺织用竹纤维鉴别试验方法》标准。在标准中规定了竹纤维鉴别使用的仪器、鉴别步骤、鉴别方法以及预处理方法与步骤。鉴别方法中规定了采用单纤维尺寸法、纤维形貌法、广角X射线衍射法等两种或多种方法相互结合对竹纤维进行鉴别。依据表9–3～表9–7、图9–2～图9–4所列的结果进行判定。竹纤维系统鉴别步骤见图9–5。

表9–7　竹、麻、棉纤维溶解性的比较

纤维名称＼溶剂	55%硫酸 常温；3min	60%硫酸 常温；3min	72%硫酸 常温；3min
苎麻纤维	不溶	不溶	基本溶解
亚麻纤维	不溶	不溶	基本溶解
大麻纤维	不溶	不溶	基本溶解
黄麻纤维	部分溶解	溶解	溶解
毛竹纤维	部分溶解	溶解	溶解
慈竹纤维	部分溶解	溶解	溶解
棉纤维	不溶	不溶	基本溶解

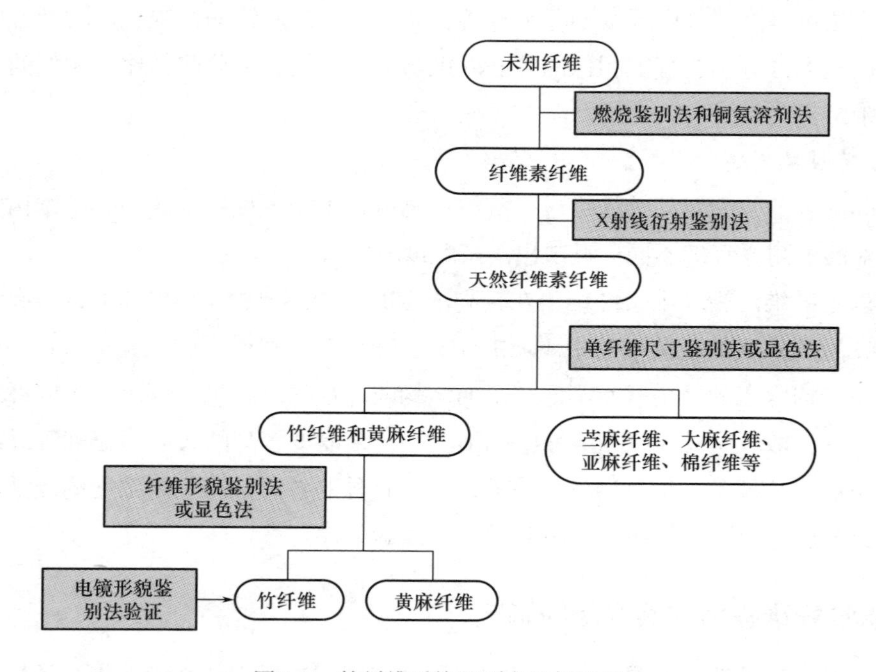

图9–5　竹纤维系统鉴别方法树形图

通过对亚麻、黄麻、大麻、苎麻、竹纤维进行单纤化处理，对纤维规格尺寸、纵横向形态、结晶结构的测试与比较，对几种纤维做出了鉴别并得到以下结论。

（1）单纤维尺寸法依据单纤维长度，将竹与麻类纤维分成长纤维（苎麻）、短纤维（竹纤维、黄麻）、中等短纤维（亚麻、大麻）三类；依据单纤维腔径比，将竹与麻类纤维分成极小中腔纤维（竹纤维）、小中腔纤维（亚麻）、中等腔纤维（黄麻、苎麻、大麻）三类。

（2）纤维形貌法依据纤维纵向形态，将竹与麻类纤维区分为有麻节的亚麻、苎麻、大麻纤维和无麻节的竹纤维、黄麻纤维；依据横向形态，截面较粗、腰圆形、中腔压扁、壁上有裂纹的是苎麻纤维，截面呈石榴状多边形且中腔较小的是亚麻纤维，纤维截面呈卵圆形且中腔较大的是黄麻纤维，单纤维截面形状腰圆形、中腔压扁、较少裂纹的是大麻纤维；纤维截面近似圆形且中腔极小的是竹纤维。

（3）广角X射线衍射鉴别法将竹纤维与麻类纤维，分为结晶度高、大于棉纤维结晶度的亚麻、苎麻和大麻纤维；低于棉纤维结晶度的黄麻和竹纤维两类。

（4）利用氯化锌—碘着色法可以将竹纤维和黄麻纤维区分开，竹纤维在氯化锌—碘试剂下变成黑褐色，黄麻纤维呈浅黄色，从而实现竹纤维的有效鉴别。

第四节　天然纤维素纤维产品中竹纤维的定量化学分析技术

化学溶解法是混纺织物成分分析的常用方法，本节选择了化学溶解法对纤维素纤维混纺产品进行成分定量分析。根据第三节定性研究中对于纤维素纤维性能的摸索，在此选用硫酸溶剂作为竹纤维与其他天然纤维素纤维混纺产品定量分析用化学试剂。

本节首先研究硫酸溶剂对天然纤维素纤维混纺产品的溶解条件，得到能溶解竹纤维却较小损伤另一种天然纤维素纤维的试验条件；其次引入了因硫酸溶剂对另一种天然纤维素纤维（如亚麻纤维）损伤的质量修正系数；然后将两种纤维以已知比例人工混合，再进行混合物溶解后纤维成分的测试和比较，用于验证化学溶解法的可靠性；最后用化学溶解法对混纺产品的混纺比进行测试。

一、研究方法及手段

1. *研究对象及其预处理*

实验对象为竹纤维/亚麻40/60混纺纱，其他实验材料见本章第三节。

预处理方法同第三节。

2. *研究方法及手段*

采用了浓度60.5%的硫酸溶解法，溶解温度（25 ± 0.5）℃，溶解时间30min。

仪器及用品：76–1A数显玻璃恒温水浴槽，锥形瓶，抽滤器，砂芯漏斗。

二、化学溶解法定量分析条件的确定

在用化学溶解法测定混纺产品混纺比时，除溶剂种类、浓度等条件外，溶解温度与溶解时间等条件对最终溶解效果也起着至关重要的作用。本节在溶解温度为25℃、溶解时间为30min的条件下，首先选择7个硫酸浓度（58%、60%、62%、65%、68%、71%、74%）对竹纤维进行溶解实验，观察硫酸浓度对竹纤维的影响。

从图9–6中可以看出，竹纤维剩余量随着硫酸浓度的提高而逐渐减少。硫酸浓度在58%～60%，竹纤维的剩余量快速下降；到硫酸浓度60%以上，竹纤维的剩余量呈较稳定状态，最后确定竹纤维的最佳溶解用硫酸浓度在60%左右。

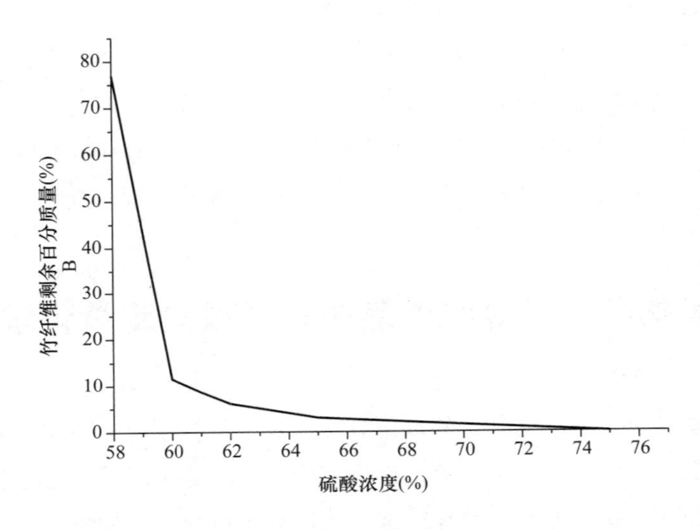

图9–6　竹纤维在不同浓度硫酸中的溶解情况

参照该硫酸浓度，选择酸浓度、溶解温度以及溶解时间作为正交实验的三因素，以确定竹纤维和亚麻纤维的最佳溶解条件。实验安排与结果列于表9–8～表9–11中。

表9–8　竹纤维在硫酸溶液中溶解性质的正交实验安排及结果

实验序号	酸浓度（%）	溶解温度（℃）	溶解时间（min）	竹纤维剩余百分率（%）
1#	57.37	22	25	77.37
2#	57.37	25	30	76.92
3#	57.37	28	35	75.77
4#	59.7	22	30	7.08
5#	59.7	25	35	6.61

续表

实验序号	酸浓度（%）	溶解温度（℃）	溶解时间（min）	竹纤维剩余百分率（%）
6#	59.7	28	25	5.80
7#	62.06	22	35	0
8#	62.06	25	25	0.28
9#	62.06	28	30	0
均值1（%）	76.69	28.15	27.82	
均值2（%）	6.50	27.94	28.00	
均值3（%）	0.09	27.19	27.46	
极差（%）	76.60	0.96	0.54	

表9-9　化学溶解法正交实验中竹纤维剩余百分率的方差分析（a=0.05）

因素＼结果	偏差平方和	自由度	F比	F临界值
硫酸浓度	10834.18	2	39397.01	19.00
溶解温度	1.53	2	5.55	19.00
溶解时间	0.45	2	1.64	19.00
误差	0.28	2		

表9-10　亚麻纤维在硫酸溶液中溶解性质的正交实验安排及结果

实验序号	酸浓度（%）	溶解温度（℃）	溶解时间（min）	亚麻纤维剩余百分率（%）
1#	57.37	22	25	93.09
2#	57.37	25	30	90.93
3#	57.37	28	35	86.36
4#	59.70	22	30	91.51
5#	59.70	25	35	90.13
6#	59.70	28	25	89.90
7#	62.06	22	35	84.98
8#	62.06	25	25	85.08
9#	62.06	28	30	83.40
均值1（%）	90.13	89.86	89.36	
均值2（%）	90.51	88.71	88.61	
均值3（%）	84.49	86.55	87.16	
极差（%）	6.03	3.31	2.20	

注　此亚麻纤维为经预处理后的纤维。

表9-11　化学溶解法正交实验中亚麻纤维剩余百分率的方差分析（a=0.05）

结果 因素	偏差平方和	自由度	F比	F临界值
硫酸浓度	68.28	2	27.55	19.00
溶解温度	16.91	2	6.83	19.00
溶解时间	7.51	2	3.03	19.00
误差	2.48	2		

（1）竹纤维

从表9-8、表9-9中竹纤维的溶解情况来看，竹纤维对酸浓度的敏感度很高，当酸浓度为57.37%时，竹纤维的剩余百分率为76.69%，而当酸浓度为59.7%时，竹纤维仅剩余6.50%，当酸浓度为62.06%时，竹纤维几乎全部溶解。三个影响因素相比较，酸浓度对竹纤维的溶解性质有着非常显著的影响，溶解温度和溶解时间对其无显著影响。

（2）亚麻纤维

根据表9-10、表9-11中硫酸对亚麻纤维溶解性质的正交实验结果可以看出，酸浓度对亚麻纤维溶解的影响较大，溶解温度和溶解时间对亚麻纤维溶解性质的影响较小。但亚麻纤维对硫酸的敏感度比竹纤维小很多，特别是酸浓度为57.37%、59.70%时，硫酸对亚麻纤维的溶解性影响不大；大于60%以上时，亚麻纤维快速溶解。

综合以上纤维的溶解特性可知：当酸浓度为59.70%左右时，竹纤维溶解剩余较少，而亚麻纤维虽然有一定的损伤，但损伤较小。所以对硫酸的浓度做进一步的优化。

如表9-12中的优化结果所示，60.65%的硫酸溶液可以将脱胶处理后的竹纤维完全溶解。为了节省资源和时间，确定最佳的溶解条件为：酸浓度60.65%，溶解温度25℃，溶解时间30min。

表9-12　硫酸浓度的优化结果

结果 酸浓度	纤维剩余含量（%）	
	竹纤维	亚麻纤维
59.70%H_2SO_4	3.82	90.85
60.65% H_2SO_4	0	89.94
61.59% H_2SO_4	0	88.03

注　表中竹纤维、亚麻纤维均经过完全脱胶处理，其他实验条件同前。

三、化学溶解法定量分析中纤维修正系数的确定

采用60.65%的硫酸对混纺纱中一种纤维进行溶解时，另一种纤维也存在一定程度的损伤，在此对纤维的质量修正系数（d）进行测定，其中纤维质量修正系数（d）的计算

公式如下：

$$d=\frac{\text{投入纤维干重}}{\text{回收纤维干重}}\times 100\% \tag{9-1}$$

在此设计了10组平行实验来保证质量修正系数的准确性，具体数据如表9-13所示。

表9-13　硫酸溶解法中亚麻纤维质量修正系数的测定结果

平行实验次数	投入纤维干重（g）	回收纤维干重（g）	修正系数（d）
1	0.5012	0.4501	1.1135
2	0.4977	0.4483	1.1102
3	0.4978	0.4492	1.1082
4	0.4967	0.4480	1.1087
5	0.5011	0.4503	1.1128
6	0.4963	0.4451	1.1150
7	0.5019	0.4523	1.1097
8	0.4975	0.4481	1.1102
9	0.4996	0.4511	1.1075
10	0.5025	0.4518	1.1122
平均值	0.4992	0.4994	1.1108

注　表中亚麻纤维经过完全脱胶处理，硫酸浓度 60.65%。

表9-13中亚麻纤维的修正系数为$d_{亚}=1.1108$，其方差为5.5363×10^{-6}。由于脱胶处理将对亚麻纤维造成一定程度的损伤，因此亚麻纤维的修正系数较大。

四、化学溶解法定量分析的可靠性研究

定量分析可靠性研究以竹纤维与亚麻纤维人工混合样为对象，其中竹纤维与亚麻纤维分别经过了预处理，亚麻含量的计算公式为：

$$\text{亚麻纤维含量}=\frac{\text{不溶纤维干重}}{\text{试样总干重}}\times d_{亚}\times 100\% \tag{9-2}$$

$$\text{竹纤维含量为：竹纤维含量}=1-\text{亚麻纤维含量} \tag{9-3}$$

对竹纤维与亚麻纤维人工混合物的定量测试结果如表9-14所示。

由表9-14溶解法对竹纤维与亚麻纤维人工混合样定量分析结果可知，与实际含量相比，竹纤维含量偏差值-0.50%～0.41%，其偏差值均小于1%。平行实验偏差值大多在0.5%左右。化学溶解法对竹纤维与亚麻纤维不同比例混合样定量测试结果的准确率较高，同时在操作上也简单易行。

表9-14 硫酸溶解法对不同配比的竹纤维与亚麻纤维人工混合物的含量测试结果

拟定比例 竹纤维：亚麻	重复实验次数	实际投料比（%）		不溶纤维含量（%）	修正后纤维含量（%）		与实际值的偏差（%）	平行实验偏差（%）
		竹纤维	亚麻		竹纤维	亚麻	竹纤维	竹纤维
10：90	1	9.96	90.04	80.85	10.19	89.81	0.23	0.18
	2	10.25	89.75	80.43	10.66	89.34	0.41	
20：80	1	20.05	79.95	72.15	19.85	80.15	−0.20	0.08
	2	20.23	79.77	71.92	20.11	79.89	−0.12	
30：70	1	30.03	69.97	63.09	29.92	70.08	−0.11	0.22
	2	30.20	69.80	62.74	30.31	69.69	0.11	
40：60	1	40.46	59.54	53.30	40.79	59.21	0.33	0.37
	2	40.16	59.84	53.91	40.12	59.88	−0.04	
50：50	1	50.16	49.84	45.26	49.72	50.28	−0.44	0.06
	2	49.78	50.22	45.66	49.28	50.72	−0.50	
60：40	1	59.84	40.16	36.05	59.95	40.05	0.11	0.26
	2	59.95	40.05	36.01	59.80	40.20	−0.15	
70：30	1	69.91	30.09	27.19	69.80	30.20	−0.11	0.14
	2	70.04	29.96	26.94	70.07	29.93	0.03	
80：20	1	79.93	20.07	17.99	80.02	19.98	0.09	0.37
	2	79.68	20.32	18.55	79.40	20.60	−0.28	
90：10	1	89.93	10.07	9.27	89.70	10.30	−0.23	0.29
	2	90.08	9.92	8.88	90.14	9.86	0.06	

注 硫酸浓度60.65%。

五、化学溶解法对混纺产品定量分析的应用研究

以竹纤维/亚麻纤维混纺产品为对象，每个试样分别做5组平行实验，以降低实验的误差。

对竹纤维/亚麻混纺纱进行成分定量测试时，试样先经完全脱胶处理（同第三节试样的预处理条件），然后用60.65%的硫酸对竹纤维/亚麻混纺纱进行溶解，溶解过程中亚麻纤维受到损伤，故对溶解后不溶纤维含量进行修正，测试及修正之后的结果如表9-15所示。

由表9-15可知，竹纤维/亚麻纤维混纺产品的化学溶解法定量分析结果为：40.9：59.1，与设计值较接近，竹纤维含量测定结果的方差值为1.04。

表9-15 硫酸溶解法对40/60竹纤维/亚麻纤维混纺产品混纺比的测试结果

平行实验次数	测试结果	修正后结果		测试混纺比（修正后）竹纤维：亚麻	设计混纺比竹纤维：亚麻
	不溶纤维含量（%）	竹纤维含量（%）	亚麻含量（%）		
1	53.78	40.26	59.74	40.3：59.7	40：60
2	51.71	42.56	57.44	42.6：57.4	
3	54.45	39.52	60.48	39.5：60.5	
4	53.15	40.96	59.04	41.0：59.0	
5	52.90	41.24	58.76	41.2：58.8	
平均值	53.20	40.91	59.09	40.9：59.1	
方差	0.84	1.04	1.04		

注 硫酸浓度 60.65%。

竹纤维定量鉴别结果表明：采用化学溶解法可以将竹纤维从天然纤维素纤维的混合物中分离出来，但是化学溶解法必须对损伤的纤维进行修正，如竹/亚麻纤维混合物中需对亚麻纤维进行修正。分离结果与混纺产品的设计混纺比的误差在5%以内，在可接受范围内。另外，化学溶解法仅限于性能相差较大的两种天然纤维素纤维的化学成分定量分析。

本章小结

本章对纺织竹纤维原料的质量标准与竹纤维产品的定性、定量鉴别进行了研究，得到如下结论。

（1）为了规范竹纤维市场，使竹纤维良性发展，《纺织用竹纤维》标准的制订是非常必要的，其中对竹纤维的定义、分类为竹纤维的准确命名奠定了理论基础，纺织竹纤维规格指标和检验方法的制订，是竹纤维质量控制的依据。《纺织用竹纤维》标准的制订也是竹纤维成功面世的标志。

（2）竹纤维定性鉴别结果表明：竹纤维的X衍射曲线呈典型的纤维素I型结晶衍射峰，结晶度在天然纤维素纤维中最小，与黄麻纤维接近；纤维旋向法中，竹纤维呈顺时针方向旋转，与亚麻、苎麻、棉纤维等长纤维旋向相反；在显微镜下观察，竹纤维直径小，呈圆形厚壁小中腔形状，纵向无麻节，与其他天然纤维素纤维有着明显区别；竹纤维对酸的耐受能力较苎麻、亚麻等纤维差，与黄麻纤维相近；采用显色法可以将竹纤维与黄麻纤维区分开来。依照以上方法可以依次将竹纤维从纤维素纤维、天然纤维素纤维、天然纤维素短纤维（长度<10mm）中鉴别出来，并与黄麻纤维相区分。

（3）竹纤维及其他天然纤维素纤维混纺产品的定量分析结果表明：采用化学溶解法

可以对竹纤维/亚麻纤维等两种性能差异较大的天然纤维素纤维混纺产品进行定量分析，化学溶解法对混纺产品的定量分析结果与该产品的设计混纺比的偏差在5%以内，方差在1.5%以内，均在可接受的范围内。

本章参考文献

[1] 李英．竹纤维的鉴别及其与纤维素纤维混纺产品的定量分析［D］．北京：北京服装学院，2012．

[2] 全国竹藤标准化技术委员会．纺织用竹纤维：LY/T 1792—2008［S］．北京：中国标准出版社，2008．

[3] 全国竹藤标准化技术委员会．纺织用竹纤维鉴别试验方法：LY/T 2226—2013［S］．北京：中国标准出版社，2014．

[4] 赵媛媛，隋淑英，朱平．综合分析法鉴别新型纤维［J］．染整技术，2008，30（5）：42-44．

[5] 陈莉，孟丹．几种新型纤维素纤维的鉴别［J］．纺织科技进展，2008（5）：72-74．

[6] 吴雄英，侯文浩，唐敏峰，等．纤维素类纤维定性鉴别方法［J］．印染，2003，29（12）：32-34．

[7] 严加亮，顾飞，王荣武，等．基于计算机图像处理技术棉与 Lyocell 的鉴别［J］．中国纤检，2008（4）：44-46．

[8] 石红，郃文峰，邱岳进，等．竹原纤维和亚麻纤维鉴别分析方法研究［J］．上海纺织科技，2007，35（9）：55-57．

[9] 王丹红，吴文晞，林志武，等．近红外光谱法鉴别 Tencel 等四种纤维［J］．福建分析测试，2009，18（4）：32-34．

[10] 费国平，邵玉婉，洪晓杰．竹原纤维和竹浆纤维鉴别方法的研究［J］．中国纤检，2011（15）：50-52．

[11] 李云台，刘华．新型再生纤维素纤维的性能对比与鉴别［J］．棉纺织技术，2003，31（9）：31-34．

[12] 韩其亮．溶解法鉴别纤维素纤维研究［D］．北京：北京服装学院，2010．

[13] 唐莹莹，潘志娟．再生纤维素纤维的结构与力学性能的研究［J］．国外丝绸，2009，24（3）：10-12．

[14] 梁肇文，何美容．常见莫代尔纤维及莱赛尔纤维的特征与鉴别［J］．中国纤检，2011（13）：50-51．

[15] 姬凤丽. 新型服用纺织纤维鉴别方法的研究 [D]. 天津：天津工业大学，2008.
[16] 杨乐芳. Tencel 纤维与黏胶纤维的鉴别 [J]. 纺织导报，2003 (4)：58-60.
[17] 高路，王越平，王戈，等. 几种天然植物纤维的鉴别方法 [J]. 上海纺织科技，2009 (9)：7-9.
[18] 赵向旭，王宜满，张世全，等. 亚麻，苎麻，大麻纤维的鉴别研究 [J]. 中国纤检，2010 (15)：65-67.
[19] 王成云，刘彩明，李丽霞，等. 腈纤维的定性鉴别 [J]. 中国纤检，2007 (8)：38-41.
[20] 李伟. 近红外光谱技术在苎麻化学成分测定中的应用研究 [D]. 北京：中国农业科学院，2009.
[21] 隋树香. Tencel 纤维和铜氨纤维的定性分析 [J]. 毛纺科技，2001 (6)：48-49.
[22] 杨元. 几种新型再生纤维及其鉴别方法 [J]. 现代纺织技术，2005，1：44-47.
[23] 陈敏. 浅析常见再生纤维素纤维及其鉴别方法 [J]. 中国纤检，2011 (19)：64-65.
[24] 马顺彬，吴佩云. 竹浆纤维与黏胶纤维的鉴别及性能测试 [J]. 毛纺科技，2010 (1)：42-46.
[25] 全国纺织品标准化技术委员会基础标准分会. 纺织纤维鉴别试验方法FZ/T 01057. 1—2007 [S]. 北京：中国标准出版社，2007.
[26] 国家羊绒产品质量监督检验中心. 莫代尔纤维、莱赛尔纤维、大豆蛋白聚乙烯醇复合纤维鉴别DB13T 814. 4—2006试验方法 [S]. 北京：中国标准出版社，2006.
[27] 国家认证认可监督管理委员会. 七种纺织纤维的系列鉴别方法：SN/T 1901—2007 [S]. 北京：中国标准出版社，2007.
[28] 全国纺织品标准化技术委员会. 纺织品定量化学分析：第五部分：GB/T 2910. 5—2009 [S]. 北京：中国标准出版社，2009.
[29] 国家认证认可监督管理委员会. 再生纤维素纤维与麻纤维混纺产品盐酸法定量分析方法：SN/T 2467—2010 [S]. 北京：中国标准出版社，2010.
[30] Chen Y，Nazhad M M. How is Frayed Fiber Generated During Refining Process?: Identification of Frayed Fiber Under High Resolution Microscope [M]. Lap Lambert Academic Publishing，2011.
[31] Wang R W，Wu X Y，Wang S Y，et al. Automatic identification of ramie and cotton fibers using characteristics in longitudinal view，part I：locating capture of fiber images [J]. Textile Research Journal，2009.
[32] Skinkle J H. 7—THE OBSERVATION OF RAYONS IN POLARIZED LIGHT [J].

Journal of the Textile Institute Transactions，1932，23（4）：T71–T78.
[33] Edwards H G M，Farwell D W，Webster D. FT Raman microscopy of untreated natural plant fibres [J]. Spectrochimica Acta Part A：Molecular and Biomolecular Spectroscopy，1997，53（13）：2383–2392.
[34] Garside P，Wyeth P. Identification of cellulosic fibres by FTIR spectroscopy–thread and single fibre analysis by attenuated total reflectance [J]. Studies in Conservation，2003，48（4）：269–275.
[35] Jasper W J，Kovacs E T. Using Neural Networks and NIR Spectrophotometry to Identify Fibers [J]. Textile Research Journal，1994，64（8）：444–448.
[36] 王成云，刘彩明，李丽霞，等. 旆纤维的定性鉴别 [J]. 中国纤检，2007（8）：38–41.
[37] 李忠正. 中国草类纤维制浆的理论与技术研究 [J]. 中国造纸，2007，26（12）：71–74.
[38] 李铭. 新型麻类植物纤维的鉴别方法研究 [D]. 北京：北京服装学院，2009.
[39] 全国纺织品标准化技术委员会基础标准分会. 纺织品定量化学分析：第1部分：GB/T 2910. 1—2009 [S]. 北京：中国标准出版社，2009.
[40] 石淑兰，何福望. 制浆造纸分析与检测 [M]. 北京：中国轻工业出版社，2003：13–14.

第十章　竹纤维纺纱、织造和染整加工及产品开发

第一节　竹纤维的纺纱、织造与染整加工

目前，竹纤维的纺纱加工可以采用棉纺和麻纺的普梳或粗梳工艺。由于当前竹纤维制取工艺的限制，所得到的竹纤维相对于苎麻、棉等纤维具有线密度粗、初始模量大、伸长小、抱合力差的特点，因此要得到纯竹纤维纱就必须在工艺上进行调整以适应原料的特点。

一、竹纤维的纺纱工艺

（1）预处理工序。竹纤维含水一般达15%～16%，所以在加工前要对竹纤维进行烘干，使之达到强度最高点；其次是给油，用乳化油浸润24h以上，增加纤维的柔软度、强度和抗击打能力。

（2）前纺工序。前纺是竹纤维纺纱的关键工序。前纺工艺流程为开松→梳理→成网→成条。由于竹纤维线密度粗、弹性差，开松过程要减小打击力度，梳理时要适当地降低各梳理机件的速度，增大各梳理隔距。另外，竹纤维的强力与含水呈反比，开松、梳理的湿度必须低，一般控制在50%以下。

（3）并条工序。竹纤维经过开松、梳理工序制成的生条已成为连续的条状制品，此时需要用并合的方法来改善条子的中、长片段的均匀度，提高纤维的伸直度。并条的工艺道数要根据纤维的性能来定，由于竹纤维较硬，因而宜采用低速度、轻定量、重加压、小牵伸、多道并合（3～4道并合），有利于牵伸过程中对纤维的控制，使条干较为均匀。

（4）细纱工序。细纱工序可以通过牵伸和加捻来进一步提高竹纤维的伸直度。为提高竹纤维纱线的条干均匀度、降低强力不匀和断头率，竹纤维的细纱工艺采用低速度、轻定量喂入、较小的牵伸倍数、适当的压力和罗拉隔距、捻系数偏大掌握等原则。目前开发的产品成纱支数为8～11Nm（125Tex），单纱捻度为530捻/米左右。

（5）合股工序。产品开发中，采用合股工艺提高竹纤维纱强度，合股捻度为290

图10-1　竹纤维纱线样品

图10-2　竹纤维、纱线、织物样品

图10-3　竹纤维牛仔裤

捻/米，在合股过程中，去除细纱的一些疵点，如细节、糙粒等，以获得更均匀的纱线（纱线照片见图10-1）。

二、竹纤维纱线的织造工艺

（1）准备工序。竹纤维纱线络纱张力不宜过大，控制在纱线断裂强度的15%～20%为宜。整经工序强调张力、卷绕、排列三均匀，整经速度不宜过高，车间保持一定温湿度。

（2）织造工序。竹纤维纱对织造车间温湿度很敏感，相对湿度较高时，纱的强力低、弹性差、耐磨性差、断头也会增加，一般车间温度控制在28～30℃，相对湿度在60%～65%为宜。

（3）产品规格。试开发的织物密度为：84×62根/10cm，采用平纹组织，织物外观效果见图10-2。

三、竹纤维织物的染整工艺

由于竹单纤维长仅2mm左右，因此竹纤维必须采用工艺纤维纺纱，而在成布之后需进一步脱胶、漂白，以达到柔软的手感和所需的白度。经过研究确定竹纤维织物染整处理工艺采用碱法脱胶、双氧水漂白，最佳工艺参数举例如下。

（1）碱煮——100℃，90min，NaOH：8g/L，复合助剂：12%，浴比1∶30；

（2）氧漂——95℃，90min，H_2O_2：14g/L，过氧化氢稳定剂：7g/L，pH=10.5，浴比1∶30。

经染整工艺处理的成品织物制成的牛仔裤、靠垫产品见图10-3、图10-4。

图10-4　竹纤维的靠垫产品

第二节　竹纤维产品的服用性能评价

一、研究对象

以前期研究的竹纤维、黄麻、亚麻三种植物纤维织物为研究对象。其中，竹纤维与黄麻的单纤维长度均极短；竹纤维与黄麻纤维的化学组成也更接近，均含有大量的半纤维素和木质素；亚麻织物在纺织领域运用广泛。因此，用黄麻织物和亚麻织物作为竹纤维织物的参照对象，能更加准确的评价出竹纤维织物服用性能的优劣。三种成品织物的规格参数如表10-1所示。

表10-1　几种成品织物的主要参数

织物名称	织物组织	克重（g/m^2）	纱线特数（tex）	厚度（mm）	密度（根/10cm）		木质素含量（%）
					经向	纬向	
竹纤维织物	平纹	386.3	183.5	1.9848	62	74	4.97
黄麻织物	平纹	441.8	240.2	2.1463	50	71	6.89
亚麻织物	平纹	349.8	160.0	1.7978	60	74	1.06

为准确地反映出织物中纤维的性能，尽可能缩小所选织物试样的结构参数差异。表10-1所列3种试样的规格参数仍存在一定差异，其中，竹纤维织物与亚麻织物的规格参数较为相近，黄麻织物比较厚重。

二、研究方法

竹纤维织物的服用性能包括很多内容，本节仅针对竹纤维织物在穿着使用过程中的几个基本性能进行研究，用以评价竹纤维织物能否满足穿着使用时的基本需要。

将织物放在温度（21±2）℃，相对湿度（65±2）%的标准环境下调湿24h后测试以下性能。

1. 抗起毛起球性

织物起毛起球后，不仅影响其外观效果，也会影响到织物的使用寿命。

测试方法：依据GB/T4802.1–1997《纺织品 织物起球试验 圆轨迹法》标准。

仪器：宁波纺织仪器厂生产的YG502A型织物起毛起球仪，宁波纺织仪器厂生产的YG982C型标准光源箱。

用品：磨料织物，泡沫塑料垫片。

测试条件：试样尺寸：直径为105mm的圆形试样；压力：590cN；起毛次数（尼龙刷）：50次；起球次数：50次。

本实验分别对干态和湿态下的三块样品进行测试，其中，湿态样品的处理条件为：在温度（20±2）℃的三级水中浸渍2h，含水率100%。

评价指标：由于纤维素纤维不易起球，自行制定了抗起毛性评价标准，见表10–2，并可按GB8170修约至邻近的0.5级别，据此进行抗起毛性级别的评定。

表10–2 抗起毛性评级标准

级别	1级	2级	3级	4级	5级
现象	毛羽长、密集	毛羽密集、较短	毛羽稀疏、个别长短毛	很少毛羽	基本没有毛羽

2. 耐磨性

本实验模拟纺织品在日常穿着、洗涤与保养过程中的干态与湿态摩擦效果。

测试方法：参照GB/T 8690—88《毛织物耐磨试验方法 马丁代尔法》标准。

仪器：莱州市电子仪器有限公司生产的YG401L型马丁代尔织物平磨仪，奥豪斯国际贸易（上海有限公司）生产的AR2140型电子天平。

用品：标准磨料，聚氨酯泡沫塑料。

测试条件：运行速度：（50±2）r/min；分别对干态和湿态下的三种样品进行测试，其中，湿态样品的处理条件为：在温度（20±2）℃的三级水中浸渍2h，含水率100%。

评价指标：干态摩擦——每摩擦1000次称重，至20000次；湿态摩擦——两根不相邻的纱磨破时的摩擦次数。

3. 耐洗涤性

测试方法：试样依据GB/T 8629—2001《纺织品 试验用家庭洗涤和干燥程序》标准

中的1A（标准）和9A（柔和）规定的洗涤程序洗涤并干燥，干燥后将样品置于标准环境［（65±2）%相对湿度和（21±1）℃温度］中平衡；依据GB/T 8628—2001《纺织品 测定尺寸变化的实验中织物试样和服装的准备、标记及测量》标准中规定的程序准备样品并作标记；参照GB/T 8630—2002《纺织品 洗涤和干燥后尺寸变化的测定》标准规定的程序进行尺寸测量。对比每一次洗涤脱水、干燥后的织物在外观和尺寸方面的变化评价试样的耐洗涤性。

仪器：莱州市电子仪器有限公司生产的YG701L型全自动织物缩水率试验机，宁波纺织仪器厂生产的YG751B型电脑恒温恒湿箱。

用品：标准洗涤剂，陪洗物（卷边缝）。

测试条件：试样尺寸——150mm×150mm，卷边；A型洗衣机；干燥方式——标准环境条件下平摊自然晾干；洗涤程序——正常（1A）；重复5次；柔和（9A）；重复10次。

评价指标：测量其经、纬向尺寸变化，并评定试样表面毛羽度、破损度的级别。

$$R(\%)=(L_{n+1}-L_n)/L_0\times 100$$

式中：R——织物经（纬）向尺寸变化率（%）；

L_0——织物的原始经（纬）向长度尺寸（mm）；

L_n——第n次洗涤后织物经（纬）向长度尺寸（mm）；

L_{n+1}——第n+1次洗涤后织物经（纬）向长度尺寸（mm）。

由于没有关于毛羽度与破损度评级的标准样照，自行制定了其评级标准，如表10-3所示。测试过程中织物表面毛羽度和破损度级别依据表10-2、表10-3进行评定。

表10-3　破损度的评级标准

级别	1级	2级	3级	4级	5级
现象	破洞、断纱大且密集	破洞增多并扩大，断纱增多5～8根	断纱2～4根，破洞2～4个	织物疏松，断纱1～2根	没有破损

三、竹纤维织物的服用性能评价

1. 抗起毛起球性

织物在使用过程中，会与各种物体发生摩擦而导致表面起毛、起球或勾丝，这与纤维性状、纱线和织物的结构都有一定关系。由于3种试样均为纤维素纤维织物，因而抗起球性能都很好，经起毛起球实验后仅评定抗起毛性能，3种试样的抗起毛级别见表10-4。

在干态下的抗起毛起球实验中，竹纤维织物出现较稀疏且长短不一的绒毛；亚麻织物出现细、短但很密集的绒毛；黄麻织物的绒毛又密又长。相比之下，干态下的竹纤维织物抗起毛性较优。但总的来说，3种试样干态下的抗起毛级别均在3级以下，特别是黄麻织物表面起毛严重，这是因为黄麻纤维短且表面光滑。黄麻织物在摩擦过程中，先是短绒毛被磨出浮到织物表面，使织物结构疏松后，长毛羽继续钻出，最终绒毛又密又长。亚麻纤维脱胶彻底，表面较光滑，摩擦后易出现细、短且密集的绒毛。而目前制取的竹纤维表面仍较粗糙，纱线中较少有细、短纤维，受到外力摩擦后纤维不易钻出表面，不易形成织物表面的毛羽，所以竹纤维织物的抗起毛性最优。

表10-4　几种织物干、湿态下的抗起毛级别比较

织物名称	抗起毛级别（级）	
	干态	湿态
竹纤维织物	3	4
黄麻织物	1.5	4.5
亚麻织物	2	3

从表10-4还可以看出，湿态下试样的抗起毛性能普遍比干态下的抗起毛性好，3种试样表面出现的毛羽都较稀疏且较短。竹纤维织物和黄麻织物的抗起毛级别都在4级以上，表面基本没有毛羽，只有亚麻织物的抗起毛级别是3级。这可能是三种纤维在湿态下模量低，易倒伏造成。值得注意的是，湿态下竹纤维织物在进行圆轨迹摩擦后，表面出现的细小绒毛几乎全都倒伏、粘连在织物表面，以至于表面几乎看不出毛羽，这与下面织物耐磨性能的测试结果有相似之处。这种现象的出现可能与竹纤维织物中仍含有一定量的胶质有关。

2. **耐磨性**

在织物结构、纱线结构不变的情况下，织物的耐磨性主要取决于纤维的断裂强度、断裂伸长率、弹性回复率及断裂比功，因为织物在磨损过程中纤维疲劳而断裂是最基本的破坏形式。3种试样的干态耐磨性能测试结果如图10-5。

由图10-5的测试结果可知，耐磨性：亚麻织物＞竹纤维织物＞黄麻织物，在20000次摩擦之内，3种试样均断裂。在这三种织物中，竹纤维织物的质量损失曲线在14000次之前都较平缓且质量损失较小，但在14000次之后特别是最后1000次摩擦，曲线急剧上升。说明在14000次摩擦后，竹纤维织物开始出现破损而导致其质量严重损失。黄麻织物的质量损失率一直最高，而且在10000次摩擦之后，质量损失曲线有明显的上升趋势，在15000次摩擦之后其试样已经全部被磨损，这表明黄麻织物破损前能经受的摩擦次数较少。亚麻织物的质量损失一直很小，表明亚麻织物的耐磨性很好。

导致织物干态下耐磨性差异的主要原因是纤维的形态、力学性能和织物的组织结构。由于三种织物中，黄麻织物最紧密，因此耐磨性差异的主要原因不是织物结构，而在于纤维本身。黄麻织物中短纤维含量高，且黄麻单纤维的壁薄、脆性大，所以易磨断。随着摩擦次数的增多，短纤维渐渐脱落，导致织物结构疏松，最终织物解体。而亚麻单纤维长且

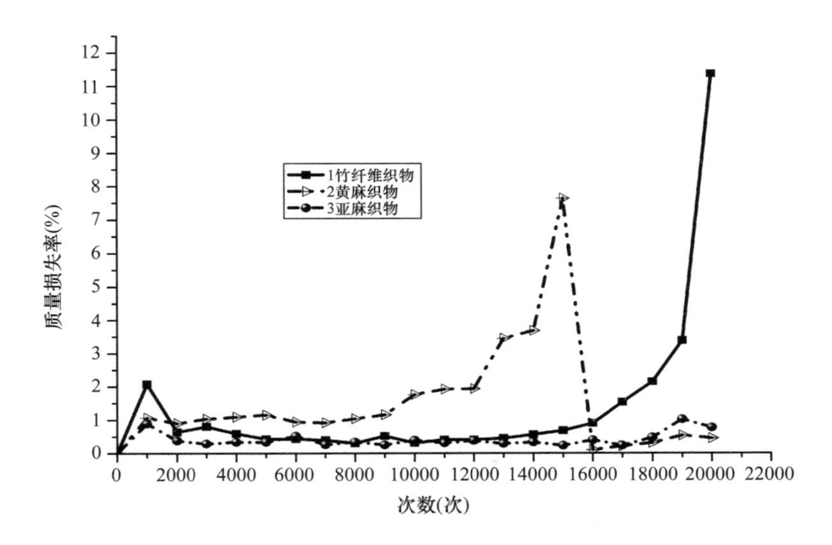

图10–5　几种织物干态耐磨性能比较

断裂强度高，耐磨性最优；干态下竹纤维织物中短纤维含量不高，但纤维强度不够高，多次磨损后由于部分纤维脱落也必然出现局部的解体。相比较而言，竹纤维织物的干态耐磨性优良。

湿态下的耐磨性测试中，除了黄麻织物在30000次的摩擦内有纱线断裂和织物破损现象外，另外2种织物都能承受35000次以上的摩擦而没有纱线断裂现象发生。说明黄麻织物湿态下的强度在三种织物中最低。值得注意的是，3种试样在润湿后经过几百次的摩擦后都会出现手感变硬，织物表面出现发光发亮的现象。在摩擦30000次时，用水再次浸泡试样后继续实验，竹纤维织物和亚麻织物手感仍然较硬且表面发光发亮，这种现象一直持续到实验结束。其中，竹纤维织物的发亮现象最严重；亚麻与竹纤维织物相似，发亮现象稍有减轻；黄麻织物出现发亮现象后继续进行摩擦，伴随着纱线断裂和织物破损现象，发亮现象消失。

据推测，在湿态下进行摩擦，由于纤维素纤维在湿态下弹性差，试样内纤维被压扁，且纤维之间相互粘结，使织物内部空隙减小，空气含量减少而不再蓬松，手感变硬，表面光而平。另外，胶质含量较大也是造成织物发亮的原因。经过一定次数摩擦后，黄麻织物因纤维湿态强度低而破损。

3. **耐洗涤性**

各种织物在使用和洗涤过程中，尺寸和外观都会发生变化，这也是织物织制造商、服装加工商和消费者所共同关心的问题。对于竹纤维织物而言，由于其湿强很低，单纤维极短，这种洗涤后尺寸和外观变化程度的测试尤其重要。本节通过测量每次洗涤程序后织物的尺寸变化，并评价其毛羽度和破损度，对织物的尺寸和外观变化进行分析。此次耐洗涤性能测试分别采用两个程序，正常（1A）洗涤程序和柔和（9A）洗涤程序。

（1）正常（1A）洗涤程序。正常（1A）程序的洗涤结果（图中“—”号表示收缩）见图10–6。

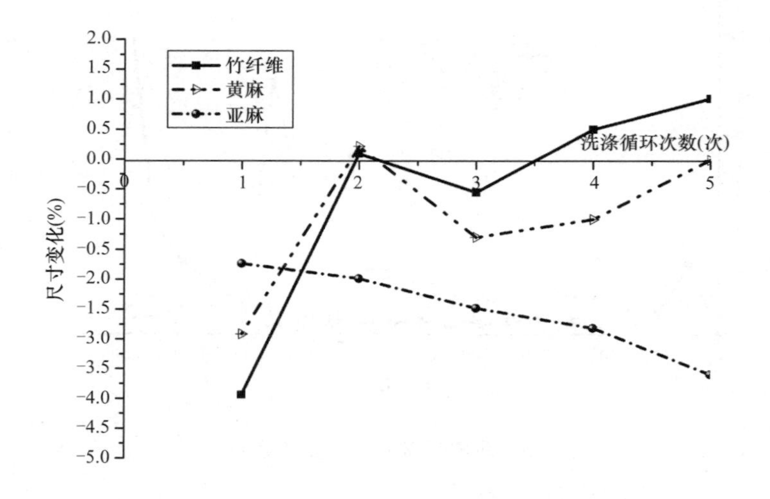

图10–6　几种织物正常洗涤后的尺寸变化

由图10–6可知，3种织物经洗涤后的尺寸变化规律不同，亚麻织物随着洗涤次数的增加，尺寸收缩加剧，竹纤维织物与黄麻织物的变化规律一致，在发生了较大的收缩后，2种织物由于洗涤机械外力的作用，尺寸逐渐伸长。其中，竹纤维织物伸长变形更大，织物的意外伸长必将导致其使用寿命的降低。

由表10–5可以得出在正常（1A）程序洗涤实验中，竹纤维织物的表面毛羽度和破损度都最高。虽然竹纤维织物前3次洗涤的毛羽度均在可接受的范围内，还没有出现明显的断纱或是织物破损；第3次洗涤后也只是织物变疏松、纱线变细、个别纱线接近断裂；但在第4次洗涤后，表现为纬向尺寸长度伸长，毛羽增多，破损度级别大幅度下降，织物受到损伤。出现这种严重的外观损伤的原因是竹纤维的湿强度低，仅为干态强度的一半，直接影响了湿态下的织物外观。故竹纤维织物的洗涤、保养方式需特别注意。

表10–5　正常（1A）洗涤后几种织物的外观变化

洗涤循环次数	毛羽度（级）			破损度（级）		
	竹纤维织物	黄麻织物	亚麻织物	竹纤维织物	黄麻织物	亚麻织物
1c	5	5	5	5	5	5
2c	4.5	4.5	4.5	4.5	5	5
3c	3.5	4.5	4	4.5	5	5
4c	2.5	4	3.5	2.5	5	5
5c	2	3.5	3	1	5	5

注　5级最好，1级最差。

亚麻织物的外观变化程度如表10–5所示。亚麻织物的毛羽度在5次循环洗涤后仍处于3级，而破损度始终是5级，说明其耐洗涤性能非常好，完全不会因洗涤而破坏其织物组织、发生任何破损现象。

（2）柔和（9A）洗涤程序。另一个程序为柔和（9A）洗涤程序，该程序的洗涤方式较柔和，因此可经受多次洗涤循环，10个洗涤循环后各试样的尺寸和外观变化如图10–7、表10–6所示（图中“–”号表示收缩）。

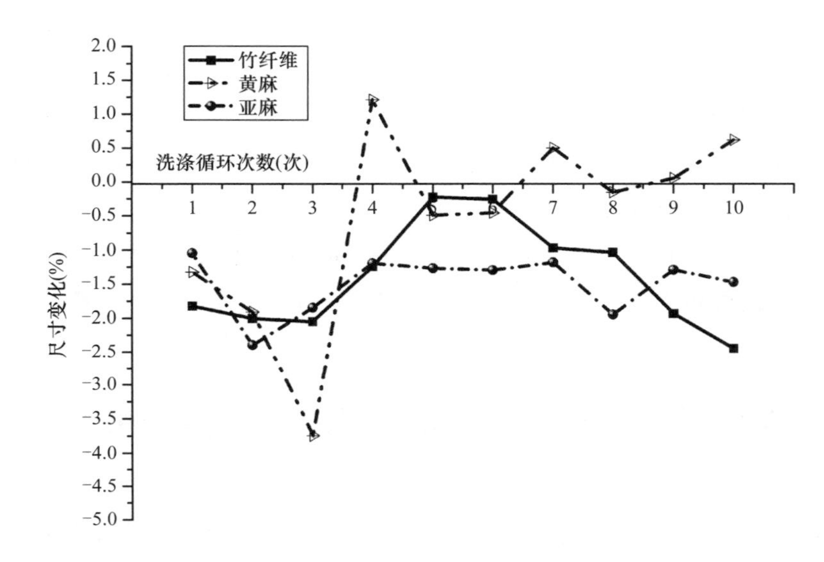

图10–7　几种织物柔和洗涤后的尺寸变化

表10–6　柔和（9A）洗涤后几种织物的外观变化

洗涤循环次数	毛羽度（级）			破损度（级）		
	竹纤维织物	黄麻织物	亚麻织物	竹纤维织物	黄麻织物	亚麻织物
1c	5	5	5	5	5	5
2c	4.5	4.5	4.5	5	5	5
3 ~ 4c	4	4.5	4	5	5	5
5c	3.5	4	4	5	5	5
6c	3.5	4	3.5	5	5	5
7c	3	4	3.5	4.5	5	5
8c	3	3.5	3.5	3.5	5	5
9c	2.5	3.5	3	2.5	5	5
10c	2.5	3.5	3	1.5	5	5

注　5级最好，1级最差。

由图10–7可以得出，竹纤维织物的尺寸经过了收缩—恢复伸长—收缩过程，黄麻织物由开始的收缩逐渐变为伸长，而亚麻织物则与正常（1A）洗涤程序结果相似，一直都是平稳收缩，因此亚麻织物在洗涤过程中尺寸稳定性最好。

通过表10–6可以看出，在柔和（9A）洗涤程序中，竹纤维织物在第7次洗涤后仍然没有出现破损；在第8次洗涤循环之后，织物破损度为3.5级，说明外观仍在可接受的范围内；在第9次出现断纱后的洗涤循环中，竹纤维织物的破损度级别急剧下降，对织物的外观造成很大的破坏，并且这种破坏直接影响到织物的尺寸稳定性，使织物尺寸发生较大波动。

从图10–7、表10–6所示的黄麻织物的尺寸变化可以看出，黄麻织物在10次洗涤后，没有出现任何破损，而且表面出现的毛羽度为3.5级，是3种织物中最优的。这与黄麻织物厚实，纱线、织物结构紧密也有一定关系。

总之，通过正常（1A）和柔和（9A）两种不同程度的洗涤，表明竹纤维织物的耐洗涤性能不如亚麻织物和黄麻织物，因此，建议在使用时尽量采用柔和洗涤方式。

第三节　竹纤维产品的应用开发前景展望

在生态环境不断破坏、自然资源不断枯竭的今天，开发绿色环保的纺织新原料、新工艺是当今纺织行业发展的一个重要课题。新型竹纤维的开发正是当前绿色环保的需要。新纤维作为新产品开发的重要手段，新型原料——天然竹纤维备受关注，为纺织服装领域提供了新原料。

国家“十一五”科技支撑计划项目、国家林业局948项目、国家林业局林业科技成果推广项目、标准项目以及各省市科研产业化项目等均投入大量人力、物力和财力研发竹纤维及其制品。经过了“十一五”期间的研究，目前关于竹纤维的概念、加工工艺、鉴别技术、市场、产品等方面都有了飞跃性的进展。但是由于从竹子的种植与培育、竹纤维的生产与加工、到竹纤维的产品开发与应用是一个非常复杂的系统工程，因此竹纤维技术的推广是一个漫长的过程，只有各个环节技术的不断成熟与提高，才能加速竹纤维技术的推广应用，这方面还有很多工作要做。

本章小结

（1）竹纤维已经初步具备了纺织的条件，并以麻纺工艺纺纱、织布，做成纺织产品，当然目前的竹纤维线密度还较粗，纤维伸长小、抱合力差，所生产的纱支较粗，因此竹纤维性能还需进一步改善。

（2）服用性能测试结果表明，竹纤维织物的耐磨、耐起毛性能与亚麻织物相当，但耐洗涤性稍差，需采用柔和洗涤方式。

本章参考文献

［1］王景葆，杨启明．黄麻纺纱［M］．北京：纺织工业出版社，1990.

［2］王越平，吕明霞，王戈，等．天然竹纤维织物的服用性能测试与评价［J］．毛纺科技，2009，37（4）：1-5.

［3］王戈，程海涛，江泽慧，等．国家科技部“十一五”科技支撑计划项目汇报材料［R］．2010.